Nils Heinrich

Bewertung von Kompensationsmaßnahmen auf Erfurter Streuobstwiesen

Nils Heinrich

Bewertung von Kompensationsmaßnahmen auf Erfurter Streuobstwiesen

Ableitung von Handlungsempfehlungen

Lehrbuchverlag

Imprint
Any brand names and product names mentioned in this book are subject to trademark, brand or patent protection and are trademarks or registered trademarks of their respective holders. The use of brand names, product names, common names, trade names, product descriptions etc. even without a particular marking in this work is in no way to be construed to mean that such names may be regarded as unrestricted in respect of trademark and brand protection legislation and could thus be used by anyone.

Cover image: www.ingimage.com

Publisher:
Der Lehrbuchverlag
is a trademark of
International Book Market Service Ltd., member of OmniScriptum Publishing Group
17 Meldrum Street, Beau Bassin 71504, Mauritius

Printed at: see last page
ISBN: 978-620-2-49088-7

Inhaltsverzeichnis

Anhangsverzeichnis

Abbildungsverzeichnis

Tabellenverzeichnis

Abkürzungsverzeichnis

BauGB	Baugesetzbuch
BNatSchG	Bundesnaturschutzgesetz
BUND	Bund für Umwelt und Naturschutz Deutschland
GLB	Geschützter Landschaftsbestandteil
T.E.C.	Thüringer Einkaufscenter

ThürNatG	Thüringer Naturschutzgesetz
TMUEN	Thüringer Ministerium für Umwelt, Energie und Naturschutz
uNB	Untere Naturschutzbehörde

1 Einleitung

Streuobstwiesen gehören zum altherkömmlichen Bild der Kulturlandschaft in Mitteleuropa. Sie sind meist als grünes Band um Ortschaften oder als Alleen an Wegen von Menschen angelegt wurden. Durch diese „gestreute“ Verteilung in der Landschaft, entstand die Bezeichnung „Streuobst“. (WELLER 1999)
Streuobstwiesen sind eine traditionelle Form des Obstbaus. Sie unterlagen der Doppelnutzung von Obst und Unterwuchs. Bis zum zweiten Weltkrieg wurden sie erwerbsmäßig bewirtschaftet. Danach mussten sie den wirtschaftlicheren Niederstamm-Dichtpflanzungs-Anlagen weichen. Diese bringen mehr Ertrag, eine bessere Qualität der Früchte und sind leichter zu bewirtschaften. (ZEHNDER u. WELLER 2011)
Durch den modernen Obstbau wurden die Streuobstwiesen nach und nach vernachlässigt, da sie sich aus obstbaulicher Sicht nicht mehr lohnen. Bis 1974 wurden sogar Prämien für die Rodung bezahlt, um den Umtrieb voran zubringen. Einige Streuobstwiesen wurden in Intensivobstanlagen umgewandelt, andere durch ihre ortsnahe Lage in Bauland. Somit blieben Pflege und Nachpflanzungen aus, da die Rentabilität nicht mehr gegeben war. Die alten bestehenden Anlagen verbuschen und überaltern. Der Rückgang wird auf 70-75 % geschätzt. (WEGENER 1998)

So sind in Deutschland noch ca. 400.000 ha Streuobstwiese erhalten (WEGENER 1998). In Thüringen sind es 11.658 ha, verteilt auf 23.081 Streuobstwiesen. In Erfurt sind es 162 ha. (INTERNET 1)

Daher stellt sich die Frage, warum Streuobstwiesen, außer der Tradition halber, erhaltenswert sind. Vor allem als Biotop kommt der Streuobstwiese eine hohe Bedeutung zu. Es ist ein Lebensraum für viele Tier- und Pflanzenarten. Bis zu 5000 verschiedene Arten können durch Kleinlebensräume, wie beispielsweise Wirtspflanzen, Totholz und Baumhöhlen, auf Streuobstwiesen vorkommen. Auch für viele Arten der roten Liste, wie Steinkauz, Wendehals, Siebenschläfer, sowie zahlreiche Schmetterlingsarten bietet dieser Biotoptyp einen

Lebensraum. (WELLER 2005) Daraus resultieren die Notwendigkeiten des Erhalts bestehender Streuobstwiesen und die Neuanlage solcher Biotope.

2 Ziele dieser Arbeit und Vorgehensweise

Bei Eingriffen in die Natur, beispielsweise durch Baumaßnahmen, werden Ausgleichs- oder Ersatzmaßnahmen zur Kompensation des Eingriffes gefordert. Durch eine ökologische Abwertung einer Fläche wird die ökologische Aufwertung einer anderen Fläche notwendig. Als solche Maßnahmen können u.a. Streuobstwiesen angelegt oder gepflegt werden. Die gesetzliche Grundlage dazu ist das Bundesnaturschutzgesetz. (INTERNET 2)
Für Kompensationsmaßnahmen werden je nach Satzung der Stadt oder der Gemeinde meist drei bis fünf Jahre Fertigstellungs- und Entwicklungspflege festgelegt (INTERNET 3). Obstbäume können allerdings über 100 Jahre alt werden. Dafür bedarf es eines guten Erziehungsschnittes, um eine stabile Krone aufzubauen und einer kontinuierlichen Pflege. (ZEHNDER u. WELLER 2011) Andernfalls erreichen die Obstgehölze kein hohes Alter, in dem sie für den Naturschutz besonders wertvoll werden. Diese Arbeit soll den Pflegezustand ausgeführter Kompensationsmaßnahmen überprüfen.

Bei Kompensationsmaßnahmen wird für Eingriffe in die Landschaft ein Wert festgelegt, damit festgestellt werden kann, in welcher Höhe der Ausgleich zu erfolgen hat. Es wird eine s.g. Eingriffs-/Ausgleichsbilanz durchgeführt.
Im Bilanzierungsmodell der Thüringer Eingriffsregelung wurden Orientierungswerte zur Eingriffs-/Ausgleichsbilanzierung erarbeitet, nach dessen sich die Planungsbüros und Naturschutzbehörden richten.
Für bestehende Biotope sind relativ große Spannen angegeben, die es ermöglichen die Bilanzierung positiv darzustellen. Ziel dieser Arbeit ist es vorhandene, aber noch nicht genutzte Bewertungsschemen zu testen, um diese Lücke zu schließen. Dadurch ergibt sich ein genauer Wert für das Biotop Streuobstwiese, um somit eine objektive Einschätzung zu gewährleisten. Diese Bewertungsschemas können als Hilfe für Planungsbüros und Naturschutzämter dienen.
Ein weiteres Ziel dieser Arbeit ist es bereits umgesetzte Kompensationsmaßnahmen auf ihre Wirksamkeit zu prüfen und daraus

Empfehlungen abzuleiten, um diese Maßnahmen zu optimieren und weiterzuentwickeln.

Zum Erreichen dieser Ziele erfolgt zunächst eine theoretische Hinführung zum Thema sowie eine Schilderung der Rahmenbedingungen. Die Informationen hierfür werden mit Hilfe einer Literaturrecherche gewonnen. Als nächstes werden Streuobstwiesen, die in Erfurt als Kompensationsmaßnahmen umgesetzt wurden beschrieben. Die erforderlichen Daten stellt die Untere Naturschutzbehörde der Stadt Erfurt zur Verfügung. Es werden Maßnahmen drei verschiedener Altersgruppen von Streuobstwiesen vor Ort gesichtet und mittels eines von KÜPFER et al. (2014) und eines des TMUEN (2017) neu entwickelten Bewertungsschemas bewertet. Dabei werden Parameter wie beispielweise Bestandsgröße, Baumdichte, Altersstruktur, Veredlungsunterlage, Stabilität/Vitalität, Baumartenzusammensetzung, und Unterwuchsnutzung geprüft. Anschließend erfolgen Ableitungen zur praktischen Anwendbarkeit des Bewertungsschemas. Anhand der Ergebnisse der Bewertungsbögen werden Handlungsempfehlungen zur Aufwertung und zum Erhalt von Erfurter Streuobstwiesen gegeben.

3 Bedeutung von Streuobstwiesen

„Unter diesen Biotoptyp werden alle flächigen Bestände von mindestens zehn hochstämmigen, starkwüchsigen, großkronigen und langlebigen Obstbäumen kartiert, die auf Grünland bzw. aufgelassenem Grünland stehen“ (INTERNET 4).
Streuobstwiesen sind bedeutend für die Landschaftsästhetik. Sie beeinflussen das Landschaftsbild und tragen zu einer vielgestaltigen Kulturlandschaft bei. Dadurch werden die Erholungswirkung und das Wohlbefinden verbessert. (WELLER 2005)
Für das örtliche Klima haben Streuobstwiesen einen ausgleichenden Einfluss. Die Bäume bremsen den Wind, reinigen die Luft und spenden Schatten. Erosion und Auswaschung von Nährstoffen wird durch die ganzjährige Bodenbedeckung und dichte Durchwurzelung verhindert. Das ist vor allem in Hanglagen von Bedeutung. (WELLER 2015)
Streuobstwiesen stellen einen Lebensraum für bis zu 5.000 verschiedene Tier- und Pflanzenarten, u.a. auch für Arten der Roten Liste, dar. Zudem haben die Wiesen eine große Biotopsverbundfunktion.
Mit der großen Vielfalt an Sorten bieten sie ein Genreservoir, das für die Züchtung resistenter Sorten interessant ist. Viele der auf Streuobstwiesen vorhandenen Sorten werden heutzutage nicht mehr angebaut, da sie nicht den Anforderungen am Markt entsprechen. Mit ihrer Artenvielfalt und genetischen Variabilität tragen sie zur Biodiversität bei. (WELLER 2005).

Auf Grund dessen sind Streuobstwiesen als Biotop nach § 30 BNatSchG in Verbindung mit § 18 ThürNatG gesetzlich geschützt und stehen auf der Roten Liste der Biotoptypen Thüringens. Sie sind mit der Gefährdungsstufe 2 angegeben. Diese besagt: „Stark gefährdet: Biotoptypen bzw. -komplextypen, deren Flächen- bzw. Bestandsentwicklung in annähernd dem gesamten Betrachtungsraum stark rückläufig ist oder die bereits in mehreren Naturraumtypen ausgelöscht wurden.“ (INTERNET 5) Die Skala geht von 0 bis 3, bei der 3 gefährdet bedeutet und 0 vollständig vernichtet. Bei der Einstufung wird die Gefährdung für den Flächenverlust sowie die qualitative Veränderung berücksichtigt.

In der „Eingriffsregelung Thüringens“ werden Streuobstbestände auf Äckern oder Nutzgärten mit mittlerer bis hoher Bedeutung eingestuft. Streuobstbestände auf Grünland und auf Kraut-/Staudenflur oder Brachland erhalten nach diesem Maßstab eine hohe bis sehr hohe Bedeutung. Bewertungskriterien für die Bedeutung sind Seltenheit, Gefährdung und Regenerierbarkeit der Biotope. (INTERNET 6)

4 Idealbild einer Streuobstwiese

Unter Streuobstwiesen wird sich oft die vollkommen unberührte Natur vorgestellt. Streuobstwiesen wurden jedoch vom Menschen geschaffen und kommen nicht natürlich vor. Deshalb bedarf es menschlicher Eingriffe. Wertgebende Kriterien für den Zielzustand einer Streuobstwiese aus naturschutzfachlicher Sicht sind: Altersstruktur, Baumdichte, Kronenansatz, Baumarten, Höhlenangebot, Totholzanteil, Baumpflege, Blütenangebot, Vegetationsstruktur, Nutzung, Kleinstrukturen, Freizeitnutzung (INTERNET 7)

- Altersstruktur:

Es sollen Obstbäume aus allen drei Altersstadien, dem Jungbaumstadium, dem Ertragsstadium und dem Altersstadium, vorhanden sein. Von Jungbäumen wird bis zum zehnten Standjahr nach der Pflanzung gesprochen. Der Anteil im Bestand sollte 12-15% betragen. (WELLER 1999) Nach dem Jungbaumstadium kommt das Ertragsstadium. 75-80% der Bäume sollten sich auf der Streuobstwiese in diesem Alter befinden. Auch abgängige Bäume, so genannte Habitatbäume dürfen nach Aussetzen des Ertrages im Bestand verbleiben. Der Anteil sollte bei 5-10% liegen. (INTERNET 7)

- Baumdichte:

Der Pflanzabstand der Bäume beträgt 10-14m. (ZEHNDER U. WELLER 2011) Das entspricht einer Dichte von 50-70 Bäumen je Hektar. Mehr Bäume sollten nicht gepflanzt werden, um eine ausreichende Besonnung des Unterwuchses zu gewährleisten. (INTERNET 7)

- Kronenansatz:

Im Bestand sollten Hochstämme überwiegen. Von einem Hochstamm wird ab 1,80m Kronenansatz gesprochen. Vor allem bei Beweidung sollte die Krone mindestens 1,80m, besser höher, sein. Einzelne Halbstämme dürfen vorhanden sein. (INTERNET 7) Für Hochstämme sind Sämlingsunterlagen zu wählen. Sie sind frosthart und starkwüchsig. (WELLER 2005)

- Baumarten:

Obstbäume verschiedener Arten und Sorten finden auf einer Streuobstwiese Platz. Apfel ist die dominierende Obstart. Kirsch-, Pflaumen und Birnenbäume sind ebenfalls viel zu finden. Wärmeliebende Arten wie Walnuss oder Aprikose und Wildobstarten wie z.B. Speierling sind seltener vertreten. (INTERNET 7) Vor allem sollten regionaltypische Sorten aus regionalen Baumschulen gepflanzt werden, damit die Sorten angepasst sind und somit gut wachsen können (WELLER 2005). Auch auf die Befruchtungsverhältnisse und Blütezeitpunkte muss geachtet werden. Eine triploide Sorte benötigt mindestens zwei diploide Befruchtersorten. Sonst kann es passieren, dass die Bäume keine Früchte tragen. Des Weiteren dürfen zwei sich befruchtende Sorten nicht weit voneinander entfernt stehen. (INTERNET 8) Die Sortenwahl muss auf die Nutzung als Tafelobst oder Verwertungsobst abgestimmt sein. Bei Nachpflanzungen sollten robuste, wenig pflegebedürftige Sorten gepflanzt werden, um die Kosten und den Zeitaufwand für den Schnitt gering zu halten. (WELLER 2005)

- Höhlenangebot:

Pro Hektar sollten 10-15 Baumhöhlen vorhanden sein. Diese können sowohl durch Fäulnis, als auch durch Spechte entstanden sein. (INTERNET 7)

- Totholzanteil:

5-10% Totholzanteil sollten in der Anlage vorhanden sein (WEGENER 1998). Davon ist ein geringer Teil feines Totholz. Der größere Anteil des Totholzes sollte besonders in älteren Bäumen, soweit es statisch möglich ist, starkes Kronentotholz ab Armdicke sein. Abgestorbene Bäume sollten möglichst lange verbleiben. (INTERNET 7)

- Baumpflege:

Der Gehölzschnitt ist altersabhängig. Während der ersten 10 Jahre sollte ein jährlicher Erziehungsschnitt erfolgen, um den Kronenaufbau zu sichern. Altbäume benötigen nur noch alle 5-10 Jahre einen Schnitt. (WEGENER 1998)

Der Schnitt ist nötig, um vorzeitiger Alterung vorzubeugen und eine lichte und stabile Krone zu erhalten. Pflanzenschutz ist, wenn nötig, nur mechanisch oder biologisch einzusetzen. (INTERNET 7) Bei Unterlassen der Pflege setzt die natürliche Sukzession von Streuobstwiesen zu Vorwald bereits nach 5-15 Jahren ein. Dadurch geht die typische Tier- und Pflanzenwelt verloren. (WEGENER 1998)

- Großes Blütenangebot:

Eine Beweidung oder Mahd ist notwendig zum Kurzhalten des Unterwuchses, sonst setzt nach wenigen Jahren eine Verbuschung des Unterwuchses ein. Es muss mindestens eine einmalige Mahd, besser aber eine zwei- bis dreimalige, beziehungsweise mindestens ein bis maximal drei Umtriebe mit Schafen oder Rindern je nach Aufwuchs erfolgen. (WEGENER 1998) Eine Beweidung erfordert zusätzliche Schutzzäune um die Bäume. Am besten sind Schafe und Rinder geeignet. Pferde und Ziegen können auch ausgewachsene Obstbäume noch großen Schaden zufügen und sind daher eher ungeeignet. Bei einer Mahd sollte das Mähgut für das Abmagern der Wiesen abgeräumt werden, um eine arten- und individuenreiche Insektenwelt zu schaffen. (WELLER 2005)

- Vegetationsstruktur:

Der Unterwuchs sollte eine „lückige, gut durchsonnte Vegetationsstruktur" (INTERNET 7) aufweisen.

- Nutzung:

Nachpflanzung, Entbuschung, Gehölzschnitt, Mahd bzw. Beweidung, Obsternte sind die wesentlichen Schritte zum Erhalt. Die Häufigkeit ist abhängig von der Nutzung. Die Nutzung kann normal, extensiv oder zur Naturschutzpflege sein. (WEGENER 1998) Die Nutzung des Unterwuchses sollte kleinräumig wechselnd sein für eine größere zeitliche und räumliche Verfügbarkeit von Nahrung (INTERNET 7). Das Obst kann als Verwertungsobst verwendet werden. Die Grünmasse kann zu Heu bzw. Weidefutter verarbeitet werden. Das anfallende Schnittholz kann zum Brennen verwendet werden. Wenn das Holz nicht genutzt

wird, dann kann das Kleinholz geschreddert und abgefahren werden. Stärkere Äste können gestapelt in der Anlage belassen werden. Der Unterwuchs dient zusätzlich als Bienenweide. (WEGENER 1998)
„Kleinstrukturen wie Hecken, Gebüsch- und Krautsäume, Böschungen, unbefestigte Wege, Trockenmauern, Totholzhaufen, Zaunpfähle, kleine Gewässer etc." sollten gleichmäßig verteilt auf maximal 10-15% der Fläche vorhanden sein (INTERNET 7).

- Freizeitnutzung

„Intensive Freizeitnutzung ist nur sehr kleinflächig eingestreut vorhanden" (INTERNET 7).

5 Idealbild einer Krone

Die natürliche Krone bringt weder eine gute Fruchtqualität mit sich, noch ist sie leicht zu bearbeiten ist. Bei einer Naturkrone verlagern sich die Ertragszonen mit der Zeit nach außen. Das führt zur frühzeitigen Vergreisung. Die Vitalität und Stabilität ist erheblich beeinträchtigt, wenn die Last der Früchte zu weit außen liegt. Deshalb bedarf es den Eingriff des Menschen. (BOSCH 2016)

Ziel der Kronenpflege ist es die Stabilität und Vitalität der Bäume zu gewährleisten, die Pflege und Nutzbarkeit zu erleichtern, sowie eine gute Obstqualität anzubauen (BOSCH 2016).

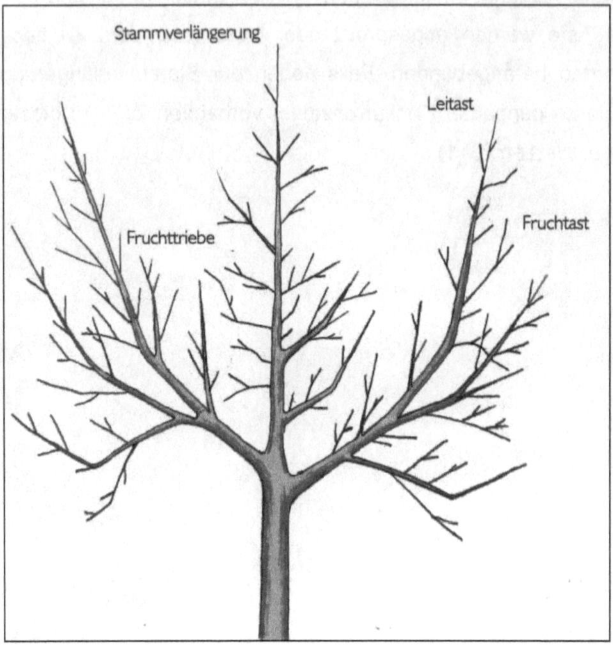

Abb. 1 Schematische Ansicht einer Pyramidenkrone (ZEHNDER U. WELLER 2011)

Mit dem Pflanzschnitt wird die Grundlage für die Lebensdauer des Obstbaumes gesetzt. Der fachgerechte Schnitt legt den Grundstein für den Aufbau einer stabilen und ertragreichen Krone. Dieser Pflegeschritt hat noch einen weiteren Nutzen. Durch die Verpflanzung ist das Wurzelwerk reduziert und kann somit nicht die gesamte Krone versorgen. Der Pflanzschnitt reduziert das Kronenvolumen, sodass alle Triebe gut versorgt werden und der Baum im nächsten Jahr Neuaustrieb hat. (ZEHNDER U. WELLER 2011)

Als erstes werden die Leitäste ausgewählt (*Abb. 1*). Es sollten mindestens 3, maximal 4 gleichmäßig am Stamm verteilte Äste sein (*Abb. 2*). Die Triebe sollten möglichst gleichwertig in der Stärke sein. Der Abgangswinkel vom Stamm spielt eine große Rolle. Flache Äste bremsen das Wachstum und gehen schnell in die generative Phase über. Steile Äste haben ein starkes vegetatives Wachstum. Der ideale Abgangswinkel der Leitäste liegt zwischen 45° und 60°. Zu steil stehende Äste werden abgespreizt oder runtergebunden. Zu flach stehende Äste werden herangebunden. Falls neben der Stammverlängerung ein steiler Trieb, ein so genannter Konkurrenztrieb, vorhanden ist, wird dieser entfernt. (ZEHNDER U. WELLER 2011)

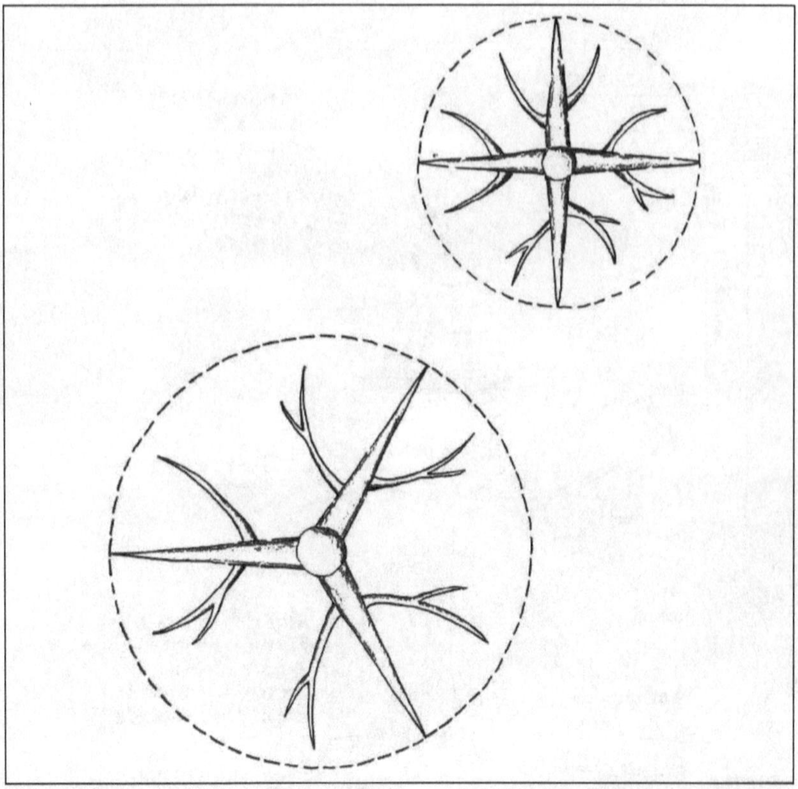

Abb. 2 Querschnitt einer Krone mit 3 und 4 Leitästen (ZEHNDER U. WELLER 2011)

Am Ende des Pflanzschnittes erfolgt das Anschneiden der Triebe. Es dient der Verzweigung der Äste und fördert den Neuaustrieb. Bei den Leitästen wird auf Saftwaage geschnitten (*Abb. 3*). Das Anschneiden erfolgt im Regelfall auf eine außenliegende Knospe. Die Stammverlängerung muss länger als die Leitäste sein, sodass ein so genannter Dachwinkel von 120° entsteht (*Abb. 3*). (ZEHNDER U. WELLER 2011)

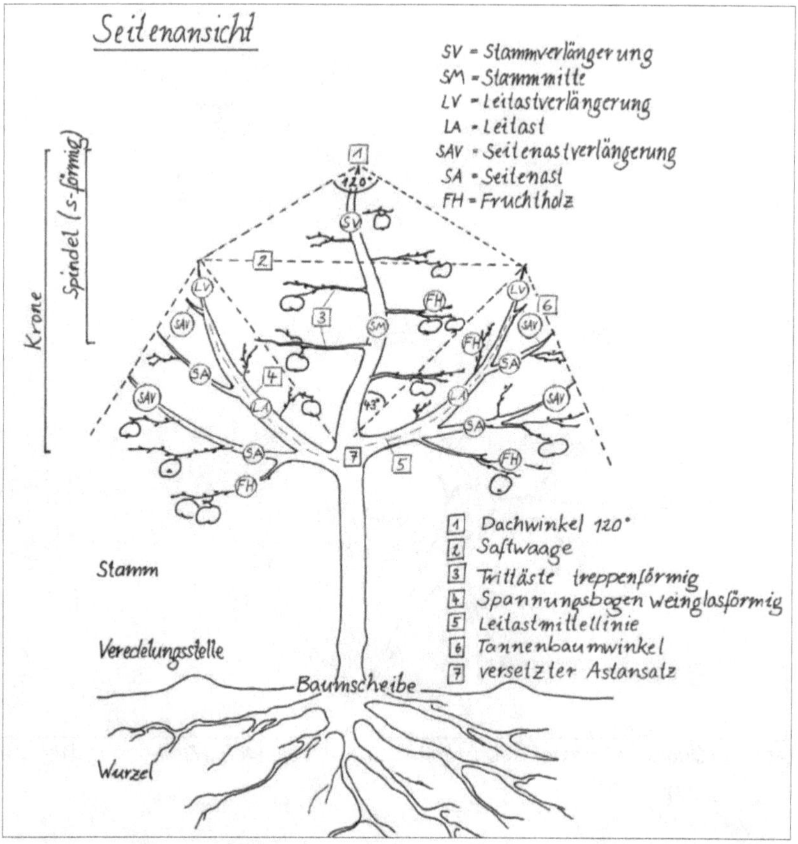

Abb. 3 Winkelverhältnisse in der Krone (INTERNET 9)

In den Folgejahren wird die Krone weiter erzogen. Die mit dem Pflanzschnitt gewonnene Struktur aus Leitästen und Stammverlängerung bleibt erhalten. Im Jungbaumstadium sollte vorzeitiger Ertrag vermieden werden. Das Augenmerk liegt auf dem Längen- und Dickenwachstum der erzogenen Strukturen, um die Krone für den Ertrag stabil zu machen. Trotz dessen werden an der Stammverlängerung, sowie an den Leitästen, Seitenäste erzogen, an denen sich Fruchtholz bilden kann. Diese Seitenäste sollten einen möglichst flachen

Abgangswinkel haben, um generatives Wachstum zu erzeugen. (ZEHNDER U. WELLER 2011)

Mit Beendigung der Erziehungsphase hat das Obstgehölz ein stabiles Gerüst entwickelt, welches sich dennoch nicht selbst überlassen werden kann. Der Schnitt erfolgt nicht mehr jährlich, sondern nach Bedarf. Kleinere Eingriffe sind größeren Schnitten vorzuziehen. Es gilt Ungleichgewichten im Baum vorzubeugen und eine gute Belichtung im Baum zu erreichen. Dieser Schnitt wird auch als Auslichtungsschnitt bezeichnet. (ZEHNDER U. WELLER 2011) „Überflüssige Triebe werden entweder entfernt oder auf weiter innen liegende Triebe abgesetzt“ (ZEHNDER U. WELLER 2011).

Wenn Pflanzschnitt, Erziehungsschnitt und Auslichtungsschnitt fachgerecht durchgeführt wurden, wird im Alter wenn die Bäume regelmäßig Früchte getragen haben, eine regelmäßiger Fruchtholzumtrieb notwendig. Dabei werden hängende Seitenäste soweit eingekürzt bis sie wieder in der Waagerechten sind. (ZEHNDER U. WELLER 2011)

Bei nicht oder langjährig nicht gepflegten Obstwiesen ist mit einer Auslichtung der Altkrone oder mit einem Verjüngungschnitt zu rechnen. Auf diese Schnitte wird in dieser Arbeit nicht eingegangen, da diese Maßnahmen selten und nur bei Bedarf durchzuführen sind..

6 Rechtliche Grundlagen von Kompensationsmaßnahmen

Die rechtlichen Grundlagen für Kompensationsmaßnahmen sind das Bundesnaturschutzgesetz (BNatSchG), das Baugesetzbuch (BauGB), sowie die Landesnaturschutzgesetze. Daraus ergeben sich für Gemeinden oder Städte geltende Satzungen und Richtlinien für die Eingriffsregelung.

Durch die Eingriffsregelung werden Belange des Naturschutzes durchgesetzt. Es gilt ein allgemeines Verschlechterungsverbot für Natur und Landschaft nach § 13 BNatSchG. Wenn eine erhebliche Beeinträchtigung nicht vermeidbar ist, muss mit einer Ausgleichs- oder Ersatzmaßnahme ausgeglichen werden. Ist dies nicht möglich ist der Eingriff in Form von Geld zu kompensieren.

Ein erheblicher Eingriff ist z.B. bei einer Bebauung zu erwarten. Nach § 18 Abs. 1 BNAtSchG wird in einem solchen Fall nach Vorschriften des BauGB über Vermeidung, Ausgleich oder Ersatz entschieden.

§ 1a Abs. 3 in Verbindung mit § 200a BauGB besagt, dass der Ausgleich nicht an Ort des Eingriffs erfolgen muss.

Die §§ 135 a und c legen die Pflichten des Vorhabensträgers fest und sprechen den Gemeinden oder Städten ein Satzungsrecht zur Übertragung der Kosten zu. In Erfurt ist das die Satzung der Stadt zur Erstattung von Kostenerstattungsbeträgen. Darin ist geregelt, dass die Kosten für die Durchführung von Ausgleichs-und Ersatzmaßnahmen nach § 9 Abs. 1a BauGB vom Vorhabensträger erstattet werden. Außerdem ist für ausgewählte Ausgleichs- und Ersatzmaßnahmen eine Liste mit Anforderungen enthalten. Für Streuobstwiesen hat der Vorhabensträger folgende Kriterien zu erfüllen:

- „Schaffung günstiger Wachstumsbedingungen durch Bodenvorbereitung nach DIN 18915
- Anpflanzung von Obstbaumhochstämmen und Befestigung der Bäume
- je 100 m^2 ein Obstbaum der Sortierung 10/12
- Einsaat Gras-/Kräutermischung
- Erstellung von Schutzeinrichtungen
- Fertigstellungs- und Entwicklungspflege: 5 Jahre“ (INTERNET 3)

Nach in Krafttreten des Gesetzes zur Änderung des Baugesetzbuches und zur Neuregelung des Rechts der Raumordnung am 01.01.1998 ist es für Gemeinden nach Abschnitt 2.3.3 auf Grundlage von § 135a Abs. 2 Satz 2 BauGB möglich Ökokonten zu erstellen. Das BNatSchG legt im § 16 Voraussetzungen zur Bevorratung von Kompensationsmaßnahmen fest. Das hat den Vorteil, dass Gemeinden vorausschauend Flächen zum Ausgleich bereitstellen können um somit Kompensationsmaßnahmen vorzuziehen. Weitere Vorteile sind:

„ Für die Gemeinde:

- Frühzeitige Verfügbarkeit von Ausgleichsflächen
- Akzeptanz bei den Landnutzern
- Verwertung eigener Flächen im Außenbereich
- Kostenvorteile beim Erwerb von Ausgleichsflächen im Außenbereich
- Verfahrensbeschleunigung
- kein „Schwarzhalten" im Rahmen der Flächenbevorratung
- Verminderung des Ausgleichsbedarfes durch „ökologische Verzinsung"
- Akzeptanz bei potentiellen Vorhabenträgern (Standortvorteile)

Für den Naturschutz:

- Vergrößerung des Handlungsspielraumes bei der Umsetzung der örtlichen Landschaftsplanung
- Verminderung von Eingriffsfolgen
- Verkürzung der Wiedergutmachungszeiten" (INTERNET 10)

Im Thüringer Naturschutzgesetz (ThürNatG) regeln die §§ 6-10 Eingriffe im Landesrecht. Darin sind Eingriffe und nicht genehmigte Eingriffe definiert. Außerdem sind die Genehmigung von Eingriffen sowie Genehmigungsbehörden festgelegt. Ersatzmaßnahmen können schon vor dem Eingriff in Absprache mit der zuständigen Naturschutzbehörde durchgeführt werden. Dieses Vorgehen bedarf der Führung eines Ökokontos bei der zuständigen Behörde. Nach § 7 Abs. 3 ThürNatG können Maßnahmen aus Flächenpools, auch außerhalb des betroffenen Naturraumes, vom Vorhabensträger genutzt werden. „Der Begriff Flächenpool wird in Thüringen als Oberbegriff für einen Flächen- und Maßnahmenpool verwendet" (INTERNET 11). In einem Flächen- und Maßnahmenpool können sowohl Flächen für zukünftige Kompensationsmaßnahmen im Sinne des BNatSchG bis zur Umsetzung der Maßnahmen bevorratet werden, als auch bereits umgesetzte bzw. geplante Maßnahmen. Bereits realisierte Maßnahmen können dann direkt Eingriffen zugeordnet werden. Im Regelfall werden die Aufwendungen, die dem Flächenpoolverwalters für die Umsetzung der Maßnahmen entstanden sind, vom Vorhabensträger erstattet.

Viele Städte haben einen Landschaftsplan, so auch die Stadt Erfurt. Ein solcher hat nach § 9 Abs. 1 BNatSchG die Aufgabe, die Ziele des Naturschutzes und der Landschaftspflege für einen bestimmten Planungsraum zu konkretisieren. Er enthält die ökologischen Ziele der Stadt Erfurt und die zu schützenden Gebiete. Darin sind auch Streuobstwiesen und zukünftige Bäume enthalten. (INTERNET 12)

7 Streuobstwiesen als Kompensationsmaßnahme

Die Idee hinter den Kompensationsmaßnahmen ist, die durch Eingriffe in die Landschaft entstehende ökologische Abwertung von Fläche durch Ausgleich- oder Ersatzmaßnahmen auf anderen Flächen wieder aufzuwerten.
Es gilt das Verursacherprinzip nach § 135a BauGB, d.h. der Vorhabensträger eines Eingriffes ist für die Finanzierung der Schadensbeseitigung durch Ausgleichsmaßnahmen allein verantwortlich. (INTERNET 13)
Bei einer Neuanlage einer Streuobstwiese zum Zwecke einer Kompensation muss die Ausgangsfläche einen niedrigeren Biotopwert haben. Die Kompensationsmaßnahme muss zum Eingriff passen, da der Grundsatz gilt, dass „die beeinträchtigten Funktionen des Naturhaushalts in gleichartiger Weise wiederhergestellt sind und das Landschaftsbild landschaftsgerecht wiederhergestellt oder neu gestaltet ist“ (INTERNET 2).

Bei Kompensationsmaßnahmen muss eine naturschutzfachliche Aufwertung erfolgen. D.h. der Biotopwert muss nach dem Eingriff auf der Ausgleichsfläche erhöht werden. Demzufolge kann auch ein bestehendes Biotop aufgewertet werden, um den Biotopwert zu steigern.
Maßnahmen zur Biotopwertsteigerung bei Streuobstwiesen in schlechten Zustand sind:

- Bestandsergänzung
- Bestandsumbau dichter Bestände
- Baumrevitalisierung
- Lebensverlängerung abgängiger Habitatbäume
- Entbuschung des Unterwuchses
- Extensivierung des Unterwuchs (INTERNET 7)

Geplante Eingriffe werden bei der zuständigen Genehmigungsbehörde beantragt und mit der Naturschutzbehörde besprochen. Die Flächen auf denen der Eingriff stattfindet werden begutachtet. Es erfolgt die Berechnung des

Ausgangsbiotopwertes. Der Vorhabensträger hat die Möglichkeit bereits geleistete Maßnahmen und somit vorhandene Flächenäquivalente aus seinem Ökokonto für den Ausgleich des Eingriffes heranzuziehen. Das ist nur möglich, wenn ein solches Konto bei der zuständigen Behörde eingerichtet wurde und die Maßnahme abgesprochen wurde.

Anderenfalls wird nach möglichen Flächen für den Ausgleich gesucht. Dies erfolgt gegebenenfalls in Verbindung mit dem Landschaftsplan bzw. Flächennutzungsplan der Stadt oder Gemeinde. Eventuell ist ein Flächenpool vorhanden aus dem passende Flächen für Kompensationsmaßnahmen entnommen werden können. Die festgelegte Maßnahme muss die Funktion des Naturhaushaltes und des Landschaftsbildes wiederherstellen, die durch den Eingriff verändert wurde. Mit Genehmigung erhält der Vorhabensträger einen Genehmigungsbescheid mit Auflagen von der zuständigen Genehmigungsbehörde. Der Verursacher beauftragt nun eine Firma, um die Kompensationsmaßnahme auszuführen und trägt somit auch die Kosten. Die Maßnahme entspricht den Ökopunkten des Eingriffes. Die Genehmigungsbehörde kontrolliert die Umsetzung und führt Effizienzkontrollen nach Ende der Entwicklungspflege aus. Mit Beendigung der Unterhaltungspflege wird die Streuobstwiese an die Stadt übergeben. Später erfolgt eine weitere Nachkontrolle, da das Entwicklungsziel des geplanten Biotopes erst nach einem längeren Zeitraum erreicht wird. (INTERNET 14 UND UNB 2018)

8 Untersuchungsgebiete und Maßnahmenbeschreibung

Erfurt gehört zum Naturraum des Innerthüringer Ackerhügellandes. Dieser liegt im Thüringer Becken und weist dessen typische geomorphologische Eigenschaften auf. Auf dem weiten, flachwelligen Keuper-Hügelland finden sich ackerbaulich ertragreiche Bedingungen vor, weshalb eine intensive Landwirtschaft betrieben wird. (HIEKEL, FRITZLAR, NÖLLERT U. WESTHUS 2004)
Die Jahresmitteltemperatur beträgt 7,8 bis 9,3°C im fünfzigjährigen Mittel. Die Niederschlagssumme pro Jahr liegt bei 632mm. In freien Lagen ist die überwiegend vorherrschende Windrichtung Süd bis Südwest. (INTERNET 15)

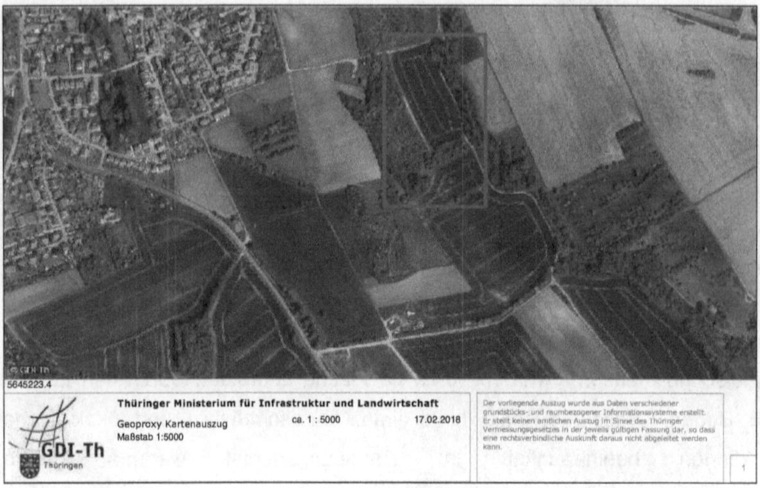

Abb. 4 Ausgleichmaßnahme „A1“ zu Bebaungsplan „WIN 357“ (INTERNET 16)

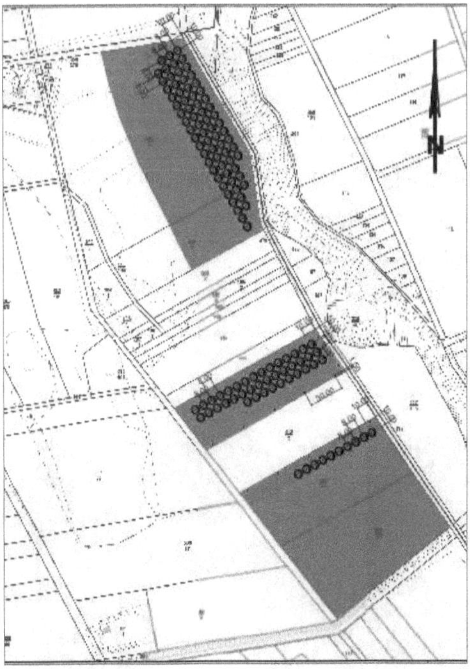

Abb. 5 Maßnahme „A1“ Verteilung der Streuobstfläche und des Kräutersaumes (UNB 2018)

Für den Bebauungsplan „WIN 357“ für das Wohngebiet „In der Birke“, (Windischholzhausen) wurden 10,78 ha Fläche überplant. Durch den Eingriff sind Boden, Wasserhaushalt, Lokalklima, Landschaftsbild und ökologische Funktionen beeinträchtigt. Im Bebauungsgebiet waren folgende Biotopstrukturen vorhanden: Streuobstwiese, Ruderalflächen, Sportanlagen und ein Gehölzgürtel. (UNB 2018)

Die Bilanzierung erfolgte nach den Empfehlungen der Oberen Landespflegebehörde Rheinland-Pfalz in einem Bewertungsrahmen von 0,0 bis 1,0, da Thüringen zu diesem Zeitpunkt noch kein Bilanzierungsmodell hatte. (UNB 2018)

Es sind zwei Ausgleichsflächen auf insgesamt 4,2 ha vorgesehen. Die Fläche „A1" (*Abb.4 und 5)* ist eine Streuobstwiese mit zusätzlichem Grünland. Für die Fläche „A2" (*Abb.6und 7)* wurde ein Streuobstbereich geplant. (UNB 2018)
Die Streuobstwiese liegt südöstlich vom Ortsteil Windischholzhausen am Nordosthang des Wartbergs, der 306 m hoch ist. Am Fuße des Hanges fließt der Linderbach.
„Durch die Bebauung von Flächen außerhalb der bestehenden Ortsstruktur werden die Funktionen des dörflichen Grüngürtels (Haus- und Obstgärten) empfindlich gestört. Der neu zu entwickelnde Streuobstbereich soll zukünftig diese Vermittlungs- und Schutzfunktion übernehmen." (INTERNET 17)
Beide Maßnahmen wurden 2017 gepflanzt. Es handelt sich um ehemalige Ackerflächen. Die Flächen wurden noch nicht an die Stadt übergeben. Dies geschieht erst mit Beendigung der Unterhaltungspflege nach 5 Jahren. (UNB 2018)
Die Maßnahme „A1" besteht aus 120 Obstbäumen und aus einer Umwandlung von Acker zu einem Kräutersaum durch Aussaat einer Kräutermischung ohne Gräser. Die gesamte Fläche beträgt 3,6 ha. Die Obstgehölzpflanzung ist eine Mischpflanzung aus Äpfeln der Sorten 'Roter Boskoop' und 'Gravensteiner', Birnen der Sorten 'Gute Luise' und 'Liegels Butterbirne', Kirschen der Sorten 'Büttners Rote Knorpelkirsche' und Schöne von Marienhöhe', sowie Pflaumen der Sorte 'Bühlers Frühzwetsche'. Bei den Pflanzenqualitäten handelt es sich um dreimal verpflanzte Hochstämme mit einem Stammumfang von 14-16cm und Drahtballierung. Als Schutzmaßnahmen wurden die Stämme mit einem Anstrich für den Verdunstungsschutz versehen. Des Weiteren wurden die Bäume mit einem Pfahldreibock mit Anbindung verankert und zusätzlich mit einem Verbissschutz ausgestattet. (UNB 2018)
Rundpfähle dienen zur Abgrenzung der Vegetationsflächen. Außerdem wurden Greifvogelsitzstangen gesetzt. Für den entstehenden Kräutersaum wurde eine Kräutermischung auf der gesamten Fläche von 3,75 ha angesät. (UNB 2018)

Die Pflege besteht aus einem Jahr Fertigstellungpflege, zwei Jahren Entwicklungspflege und weiteren zwei Jahren Unterhaltungspflege. (UNB 2018) Im ersten Jahr erfolgt die Pflanzung mit Pflanzschnitt. Baumscheiben werden angelegt und gemulcht. Die Obstbäume werden gegossen. In den zwei Jahren Entwicklungspflege werden die Bäume weiter geschnitten, die Baumscheibe von Unkraut freigehalten, die Bäume gegossen, die Schutzvorrichtungen überprüft und es wird eine Vorratsdüngung durchgeführt. Jeweils im Frühsommer nach der Blüte und im Herbst werden die Wiesen gemäht. Das Mähgut wird abtransportiert. In den zwei Jahren Unterhaltungspflege bis 2021 erfolgen dieselben Arbeitsschritte. Am Ende der Pflegeperiode werden die Baumverankerungen entfernt. (UNB 2018)

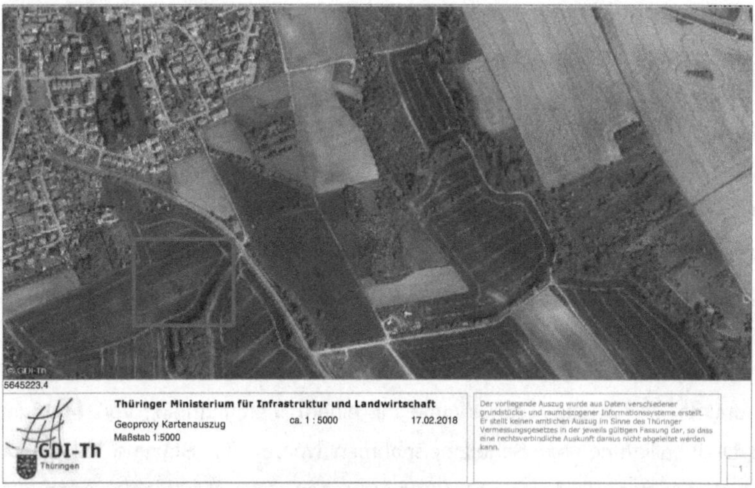

Abb. 6 Ausgleichmaßnahme „A2“ zu Bebaungsplan „WIN 357“ (INTERNET 15)

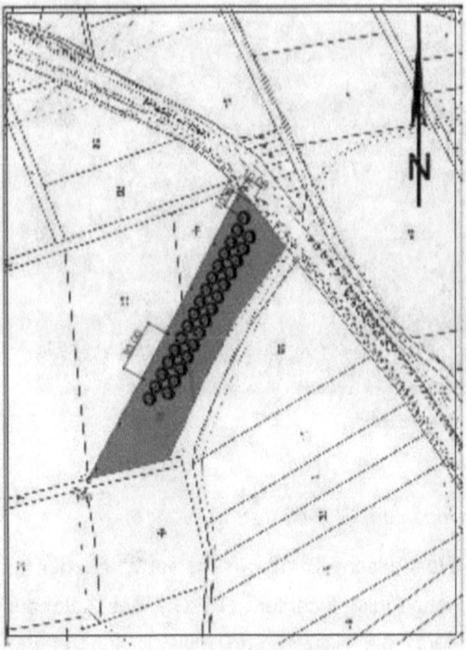

Abb. 7 Maßnahme „A2" Streuobstfläche (UNB 2018)

Die Maßnahme „A2" besteht aus einer Mischpflanzung aus 30 Obstbäumen der gleichen Sorten wie bei der Maßnahme „A1" auf 0,6 ha. Auch die Pflegeleistung/-dauer und alle Grundvoraussetzungen sind die gleichen. Vor der Bepflanzung war die Fläche ein Acker. (UNB 2018)

Abb. 8 Ausgleichfläche für Bebauungsplan „EFS 034“ (INTERNET 15)

Beim Bebauungsplan „EFS 034 Weimarische Straße Teilgebiet 2“ handelt es u.a. um die Erbauung des Thüringer Einkaufscenters (T.E.C.), des Autohaus Glinicke und des Baumarktes Obi. Die Bilanzierung erfolgte anhand des Hessischen Bilanzierungsmodells, da Thüringen zu diesem Zeitpunkt kein Modell hatte. (UNB 2018)

Vor der Bebauung waren folgende Strukturen auf 159 ha Fläche vorhanden: Acker im Bestand, Feldweg, Ruderalfläche, Privatgärten, Hecken und Gebüsche, Einzelbäume, Allee, Baumgruppen, Wasserfläche, unversiegelte Grundstücksfläche. (UNB 2018)

Der Ausgleich erfolgte durch Anlage einer Streuobstwiese (*Abb.8)*, durch Gehölzpflanzungen, Heckenpflanzung, Ruderalflächen, Straßenbegleitgrün und durch extensive Dachbegrünung. (UNB 2018)

Die Streuobstwiese wurde auf 7,2 ha in Kombination mit Pflanzung von Straßenbegleitgrün, Hecken und Gebüsch, sowie Einzelbäumen angelegt. Die Pflanzung erfolgte 2002. (UNB 2018)

Die Fläche befindet sich östlich vom T.E.C., an der Kreuzung zwischen Eisenberger Straße und Rudolstädter Straße. Südöstlich liegt der Ortsteil Dittelstedt. Es ist eine ebene Fläche auf 202 Höhenmetern.

Folgende Baumarten wurden gepflanzt: Apfel, Süßkirsche, Birne, Sauerkirsche, Speierling, echte Mehlbeere, gemeine Eberesche, Holzapfel, Mispel, Wildbirne, Walnuss, Vogelkirsche, Traubenkirsche, Stieleiche, gemeine Esche, Schwarzerle, Hainbuche, Kopfweide, Sommerlinde. Insgesamt waren es 340 Bäume. (UNB 2018)

Für die Hecken und Gebüsche wurden 2168 Sträucher der Arten Feldahorn, Kornellkirsche, Blutroter Hartriegel, Gemeine Hasel, Eingriffliger Weißdorn, Europäisches Pfaffenhütchen, Gemeine Heckenkirsche, Schlehe, Faulbaum, Dünenrose, Ohrweide, Aschweide, Flechtweide, Gemeiner Schneeball und Wolliger Schneeball gepflanzt. (UNB 2018)

Für den Streuobstbereich sind 30 Apfelbäume der Sorten 'Goldparmäne', 'Gravensteiner', 'Jonathan', 'Klarapfel' und 'Roter Boskoop', 18 Birnenbäume der Sorten 'Clapps Liebling', 'Gellerts Butterbirne' und 'Williams Christ', acht Süßkirschen der Sorten 'Große Schwarze Knorpel' und 'Kassins Frühe Herz' und sieben Sauerkirschen der Sorte 'Schattenmorelle' gepflanzt wurden. (UNB 2018)

Bei der Pflanzenqualität handelte es sich um zweimal verpflanzte Hochstämme mit einem Stammumfang von 8-10cm für die Obstbäume. Für den Unterwuchs wurde Landschaftsrasen für trockene Lagen mit 2% Kräuterzusatz angesät. Die Pflegedauer umfasste ein Jahr Fertigstellungspflege und zwei Jahre Entwicklungspflege. In diesem Zeitraum wurden folgende Pflegemaßnahmen durchgeführt: Pflanzung, Baumscheiben anlegen und mulchen, Baumschutz durch Dreibock und Anbindung, Schutz der Stämme mit Schilfmatte für ein Jahr, abgestorbene Äste entfernen, Mahd mit Abräumen des Schnittgutes, Baumscheiben hacken. In der Entwicklungspflege erfolgten die gleichen Schritte und zusätzlich sollte ein Erziehungsschnitt, eine Kronenauslichtung oder eine Totholzbeseitigung bei Bedarf durchgeführt werden. (UNB 2018)

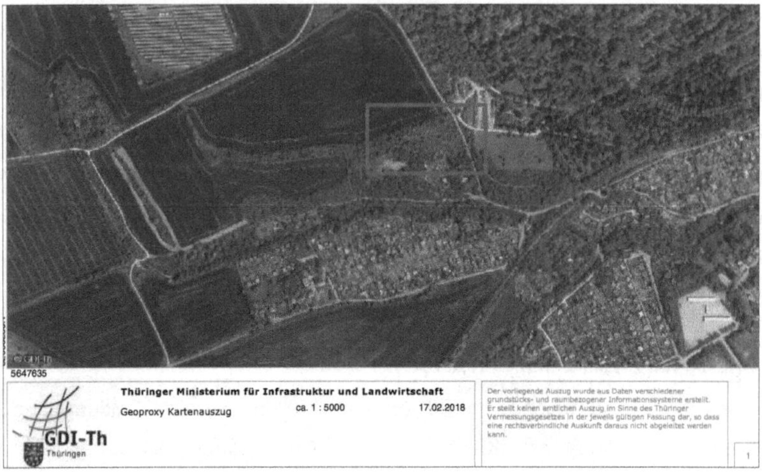

Abb. 9 GLB „Pfaffenlehne“ (INTERNET 15)

Der Geschützte Landschaftsbestandteil „GLB Pfaffenlehne“ steht seit 1992 unter Schutz und erstreckt sich auf 15,7ha (INTERNET 18). Im Rahmen der Schutzwürdigkeitsprüfung wurde ein Gutachten erstellt. Mit diesem Gutachten erfolgte eine Bestandserfassung der Tier- und Pflanzenarten. Es sind 161 Pflanzenarten, 31 Laufkäfer-, 10 Heuschrecken- und 14 Tagfalterarten gezählt wurden, davon sind 19 Arten gefährdet. Der Erhalt der Trockenrasen, Streuobstbestände und Heckenstrukturen bildet den Mittelpunkt des Schutzes. (UNB 2018)

Im geschützten Landschaftsbestandteil „Pfaffenlehne“ befinden sich zwei Streuobstwiesen. Die Maßnahmenfläche an der Pfaffenlehne ist die Ökokontofläche eines Eigenbetriebes der Stadt Erfurt. Die dort realisierten Pflanzungen sind Ersatzpflanzungen zu Eingriffsgenehmigungen (Fällgenehmigungen) nach § 17 Abs. 3 BNatSchG. Die zweite Streuobstwiese (*Abb. 9)* ist ca. 0,8 ha groß und wird vom BUND Erfurt bewirtschaftet. (UNB 2018) Diese Obstwiese dient dieser Arbeit als Referenzobjekt.

Sie liegt südwestlich des Hauptfriedhofes auf 262m Höhe am Südhang des Herrnberges, welcher 294m hoch ist. Unterhalb des Bestandes befindet sich der Brühler Hohlweg und die Kleingartenanlage „An der Pfaffenlehne“. (INTERNET 18)

Im Bestand sind ca. 80 Obstgehölze. Es wurden 2014/2015 12 Nachpflanzungen gemacht, an welche Baumpatenschaften vergeben wurden. Der Schnitt der Bäume erfolgt in zehn Durchgängen über das Jahr verteilt. Der Unterwuchs wird einmal im Jahr im August oder September gemäht. An manchen Stellen gibt es ein starkes Aufkommen von Tatarischem Hartriegel (*Cornus alba).* Die betroffenen Stellen werden zweimal pro Jahr gemäht. Das Mähgut wird anschließend abgeräumt. (SCHUBERT 2018)

Der Bestand besteht hauptsächlich aus Apfelbäumen der Sorten 'Schöner von Nordhausen', 'Boskoop', 'Kaiser Wilhelm', 'Ontario', 'Baumanns Renette', 'Roter Eiserapfel', 'Apfel von Croncels' und 'Goldparmäne'. Des Weiteren sind Birnen der Sorte 'Gräfin aus Paris', Wildkirschen und verschiedene Mirabellen zu finden (SCHUBERT 2018)

9 Bewertungsmodelle

Bundesweit gibt es kein einheitliches Modell für die Eingriffs-/Ausgleichbilanzierung. Jedes Bundesland hat seine eigenen Vorgaben und Bewertungsspannweiten. Somit sind auch die Wertigkeiten der einzelnen Biotope unterschiedlich. Die Gemeinsamkeiten sind im Bundesnaturschutzgesetz verankert.

Das Bilanzierungsmodell des Thüringer Ministeriums für Landwirtschaft, Naturschutz und Umwelt im Rahmen der Eingriffsregelung „(...) liefert Orientierungswerte, über die sich der Kompensationsumfang und damit die erforderliche Flächengröße der Kompensationsmaßnahme ermitteln lassen" (INTERNET 19). Grundlage dafür ist das Biotopwertverfahren d.h. die Bilanzierung erfolgt durch Ökopunkte, die vor dem Eingriff und danach gegenüber gestellt werden. Diese sind abhängig von der Fläche in Quadratmetern. Darin ist eine Liste mit Biotoptypen enthalten, die unterschiedliche Wertigkeiten besitzen. Bei mehreren Biotoptypen auf der Ausgangsfläche werden die Flächen in Teilflächen aufgeteilt. Die Berechnung erfolgt durch Multiplikation des Biotopwertes mit der Fläche in m^2. (INTERNET 20)

Die naturschutzfachliche Bedeutung der Flächen nach der „Anleitung zur Bewertung der Biotoptypen Thüringens" reicht auf einer Skala von 0 bis 55 (*Abb.10*).

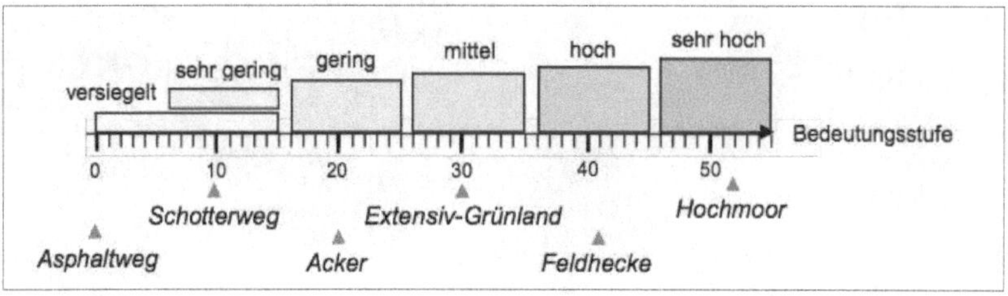

Abb. 10 Bedeutungsstufen Biotoptypen (INTERNET 19)

In Thüringen werden die Ökopunkte als Flächenäquivalente bezeichnet. Für die Planungsebene wird die potenzielle Bedeutung des Zielbiotops nach 30 Jahren

prognostiziert. Dieser Wert wird mit der Bedeutungsstufe der Bestandsebene in der s.g. Eingriff-/ Ausgleichsbilanz verglichen.
Faunistische Einzelfallbewertung sowie Einzelfallbewertung abiotischer Schutzgüter können verbal argumentativ durch die Naturschutzbehörde erfolgen. Eine faunistische Bewertung wird notwendig, wenn eine geschützte Tierart im Bewertungsgebiet vorkommt. Abiotische Schutzgüter sind Wasser, Erde und Luft.
Außerdem sind Kompensationsmaßnahmen so zu gestalten, dass sie mit den Zielen des geltenden Landschaftsplanes nicht kollidieren.
Schließlich ist auch eine Umrechnung der Flächenäquivalente in Kostenäquivalente möglich.

In Baden-Württemberg ist von 2010 bis 2013 das Projekt „Integration von speziellen Maßnahmen zur Aufwertung von Streuobstbeständen als Lebensstätten der Arten der Vogelschutzrichtlinie in das kommunale Ökokonto“ durchgeführt wurden. Im Rahmen dieses Projekts wurde ein Praxisleitfaden erstellt, der die Aufwertungsmaßnahmen beschreibt und die Arbeitsschritte für die Bewertung des Ausgangszustandes bzw. des Zielzustandes für die Bilanzierung skizziert. (INTERNET 7)
Dabei erfolgte die Bewertung in drei Schritten. Als erstes werden die wertgebenden Kriterien, außer Bestandsgröße, Baumdichte und Intensität der Freizeitnutzung (siehe Idealbild einer Streuobstwiese) erfasst. Der prozentuale Anteil der Kriterien an der Gesamtfläche wird auf 10%-Schritten abgeschätzt. Für die Erfassungskriterien Altersstruktur und Schnittzustand ist die Tabelle in *Anhang 3* zu benutzen.
Der zweite Schritt ist die Auf- bzw. Abwertung der wertgebenden Kriterien, die nun in zwei Kriterien-Gruppen eingeteilt werden. Die Unterteilung erfolgt in strukturelle, von der Bestandsentwicklung unabhängige Kriterien und in zustandsbedingte, von der Bestandsentwicklung abhängige Kriterien. Die Auf- bzw. Abwertung resultiert aus denen in Schritt 1 gewonnenen Ergebnissen und der Besichtigung des Bestandes. Die Ausprägung kann entweder

unterdurchschnittlich, durchschnittlich oder überdurchschnittlich sein (*Anhang 4*).

Im letzten Schritt erfolgt die Gesamteinstufung anhand einer Bewertungmatrix (*Anhang 5*), die abhängig von der Bewertung der zwei Kriterien-Gruppen ist. Durch die Kombination der strukturellen mit den zustandsbedingten Kriterien ergibt sich eine sehr geringe, geringe, mittlere, hohe oder sehr hohe Wertigkeit des Streuobstbestandes. Diese Einordnung dient der Einordnung der Streuobstwiese innerhalb der gegebenen Punktespanne.

Die Vergabe der Ökopunkte erfolgt nach der Ökokontoverordnung Baden Württemberg. Demzufolge gilt für Streuobstbestände auf sehr gering- bis geringwertigen Biotoptypen eine Punktespanne von +4 - + 8 - + 12, für Streuobstbestände auf mittelwertigen Biotoptypen eine Spanne von +3 - + 6 - + 9 und für Streuobstbestände auf mittel- bis hochwertigen Biotoptypen eine Punktespanne von +2 - +4 - +6. Dazu kommen durch Addition die Wertigkeiten für den Unterwuchs und mögliche Zuschläge (*Anhang 6*). Somit wird die Gesamtwertigkeit einer Streuobstwiese errechnet.

Auf Grundlage der „Anleitung zur Bewertung der Biotoptypen Thüringens“, des Thüringer Bilanzierungsmodells und des Praxisleitfadens „Aufwertung von Streuobstbeständen im kommunalen Ökokonto“ von KÜPFER (2014) ist ein Entwurf des Thüringer Ministeriums für Umwelt, Energie und Naturschutz in Zusammenarbeit mit der Grünen Liga e.V. entstanden. Dabei wird der Maßstab aus dem Thüringer Bilanzierungsmodell übernommen. Von KÜPFER (2014) werden die Maßnahmen zur Aufwertung, sowie die wertgebenden Kriterien übernommen. Das daraus entstandene Modell soll die Bewertung der Streuobstbestände erleichtern. Nach der „Anleitung zur Bewertung der Biotoptypen Thüringen“ haben Streuobstwiesen eine mittlere bis sehr hohe Bedeutung (*Tab. 1*).

Tab. 1 Bedeutungsstufe von Streuobstbeständen (INTERNET 6)

Bewertungsbogen Biotoptypen Thüringens		Nr.: 65
Code	Biotoptyp *)	Bedeutung
6510	Streuobstbestand auf Grünland	hoch - sehr hoch
6530	Streuobstbestand auf Acker oder Nutzgarten	mittel - hoch
6550	Streuobstbestand auf Kraut-/Staudenflur/ Brache	hoch - sehr hoch

Das bedeutet, dass Streuobstwiesen die größtmögliche Wertigkeit als Biotop erreichen können (*Tab. 2*).

Tab. 2 Bedeutungsstufen (INTERNET 6)

rechnerischer Endwert	Bedeutung
5	sehr hoch
4	hoch
3	mittel
2	gering
1	sehr gering

Nach dem Thüringer Bilanzierungsmodell wird für bestehende Streuobstwiesen eine mögliche Biotoppunktzahl von 26-55 angegeben. Für die Planung einer Neuanlage einer Streuobstwiese wird mit dem Wert 40 gerechnet (*Tab. 3*). Eine Biotopwertigkeit von 55 entspricht der höchsten Wertigkeit.

Tab. 3 Bestands- und Planungswert Streuobstwiese (INTERNET 19)

6000	FELDGEHÖLZE, GEBÜSCHE, BÄUME		
6110	Hecke, überwiegend Sträucher, < 4 m Breite	16 - 55	35
6120/6210/ 6223/6224	Feldgehölze, Gebüsche und Hecken auf unterschiedlichen Standorten sowie Baumhecken	16 - 55	40
6221	Gebüsch auf Feucht-/Nassstandort	36 - 55	40
6320/6400	Alleen, Straßenbegleitgehölze, Baumreihen, Einzelbäume	16 - 55	35
6380	Kopfbäume	36 - 55	40
6500	Streuobstbestände	26 - 55	40

Daraus ergibt sich für Streuobstbestände mit mittlerer Bedeutung ein Bedeutungsspanne von 26-35, mit hoher Bedeutung eine Spanne von 36-45 und für Bestände mit sehr hoher Bedeutung Werte von 46-55.

Je nach Ausprägung der wertgebenden Kriterien von KÜPFERS (2014) Praxisleitfaden erfolgt eine Auf- bzw. Abwertung des Grundwertes von 40 durch Addition. Der ermittelte Wert kann nicht unter 26 oder über 55 liegen.

10 Bewertung des Bestandes

10.1 Ausgleichsmaßnahme zu Bebauungsplan WIN 357

Zustand/Bestandsaufnahme:

Die Bäume sind im Quadratverband gepflanzt. Die Schutzvorrichtungen sind wie im Leistungsverzeichnis (UNB 2018) angegeben. Die Baumscheiben sind gemulcht. Die Wühlmauskörbe um den Wurzelballen, zum Schutz vor Wurzelfraßschäden sind sichtbar. Die Bäume sind an einem Dreibock angebunden und mit Verbissschutz ausgestattet. Die Stämme sind mit Verdunstungsschutz angestrichen. Der Kronenansatz liegt bei allen Bäumen deutlich über 1,80m. Teilweise sind Stammlängen von 2,20m gemessen wurden. Der Stammumfang bewegt sich im gegebenen Rahmen. Die Pflanzung erfolgte in einem Abstand von 10 x 10m. Des Weiteren sind Greifvogelsitzstangen vorhanden (*Abb. 11*).

Abb. 11 Überblick Fläche „A2" Bebauungsplans „WIN 357" (HEINRICH 2018)

Ein fachgerechter Pflanzschnitt hat nicht stattgefunden. Teilweise wurden die Stammverlängerungen rausgeschnitten (*Abb. 13*) oder es ist keine klare Stammverlängerung definiert worden (*Abb. 12*).

Abb. 12 keine klare Stammverlängerung (Heinrich 2018)

Abb. 13 Stammverlängerung rausgeschnitten (Heinrich 2018)

Die Astgarnierung ist bei vielen Bäumen auf der Fläche schlecht (*Abb.14 und 15)*. Das äußert sich in zu flach stehenden Leitästen (*Abb. 15)* bzw. in nicht vorhandenen Leitästen (*Abb. 14*). Dadurch bilden die Bäume zu früh Früchte. Die Äste können die Last noch nicht tragen und hängen nach unten oder brechen ab. Das führt zur vorzeitigen Überalterung (siehe Kapitel 4 Idealbild einer Krone).

Abb. 14 keine Leitäste vorhanden (Heinrich 2018)

Abb. 15 zu flache Leitäste (Heinrich 2018)

In wenigen Ausnahmefällen sind Unterlagenaustriebe zu finden (*Abb. 16*). Diese können bei Missachtung die Krone überwachsen und somit den Kronenaufbau stören.

Abb. 16 vereinzelte Unterlagenaustriebe (HEINRICH 2018)

Die Gesamtzahl der Bäume auf beiden beträgt 150 Stück. Allerdings stimmt die Verteilung auf den Flächen nicht. Auf Fläche „A1“ befinden sich 122 Bäume, anstatt 120 und auf Fläche „A2“ 28 anstatt 30 wie im Leistungsverzeichnis gefordert. Darüberhinaus sind die Anteile der Arten auf den Teilflächen nicht richtig. So stehen z.B. auf Fläche „A2“ lediglich 3 von 10 Apfelbäumen, sowie 6 von 10 Birnenbäumen. Ausschließlich die Anzahl der Pflaumenbäume war korrekt. Die fehlende Differenz ist mit mehr Kirschbäumen ausgeglichen worden. Demzufolge können die Anteile auf Fläche „A1“ ebenfalls nicht stimmen.

Die gepflanzten Apfelsorten 'Boskoop' und 'Gravensteiner' sind regionale Sorten (BANNIER 2000). Allerdings sind beide Sorten triploid. Das heißt sie sind keine Pollenspender und benötigen wenigstens eine diploide Sorte um Früchte zu tragen. (INTERNET 8) Somit werden die gepflanzten Bäume keine oder nur wenige Früchte, durch zufälligen Polleneintrag aus der Umgebung, tragen.

Die gepflanzte Birnensorte 'Gute Luise' und die Kirschsorte 'Schöne von Marienhöhe' sind ebenfalls regional vorkommende Sorten (BANNIER 2000 UND INTERNET 21)

Die Pflaume 'Bühlers Frühzwetsche' ist selbstfruchtbar (INTERNET 8).

Nachdem die Maßnahmenfläche begutachtet wurde, erfolgt die Bewertung nach dem Entwurf des TMUEN (2017) (*Anhang 7*).

Zutreffende Aufwertungsmerkmale sind:

- regelmäßiger Schnitt (Pflanzschnitt) +5
- mehr als 3 regionaltypische Sorten +5
- artenreiches, extensives Grünland +5
- Kombination mehrerer Merkmale +10 → +25

Abwertung:

- ungünstige Altersstruktur -5 → -5

Somit ergibt sich ein Bestandswert von theoretisch **60** Punkten durch Addition des Grundwertes von 40 mit den Aufwertungsmerkmalen von 25 abzüglich der 5 Punkte Abwertung. Allerdings geht die Skala im Thüringer Bilanzierungsmodell bis maximal **55.**

Die Bewertung nach KÜPFER (2014) (ANHANG 1-6) Fläche „A1" und „A2" ergibt sich wie folgt:

Auf bzw. Abwertung:

Strukturelle, von der Bestandsentwicklung unabhängige Kriterien:

- Bestandsgröße/Einbindung Ø
- Baumdichte Ø
- Veredlungsunterlage +
- Baumartenzusammensetzung Ø → Ø

Zustandsbedingt, von der Bestandsentwicklung abhängige Kriterien:

- Altersstruktur –
- Stabilität/Vitalität Ø
- Intensität der Freizeitnutzung Ø → Ø

Tab. 4 Bewertungsmatrix für Streuobstwiese „A1“ und „A2“ von „In der Birke“ (INTERNET 7)

Wertstufe		Zustandsbedingte, von der Bestandsentwicklung abhängige Kriterien		
		negativ –	durchschnittlich Ø	positiv +
Strukturelle, von der Bestandsentwicklung unabhängige Kriterien	negativ – –	sehr gering (stark unterdurch-schnittliche Ausprägung > unteres Ende der Wertspanne) – – –	gering (unterdurchschnittliche Ausprägung) – –	gering (unterdurchschnittliche Ausprägung) – – +
	durch-schnittlich Ø	gering (unterdurchschnittliche Ausprägung) –	mittel (normale Ausprägung > Normalwert) Ø	hoch (überdurchschnittliche Ausprägung) +
	positiv + +	hoch (überdurchschnittliche Ausprägung) + + –	hoch (überdurchschnittliche Ausprägung) + +	sehr hoch (stark überdurchschnittliche Ausprägung > oberes Ende der Wertspanne) + + +

Durch Kombination der strukturellen mit den zustandsbedingten Kriterien ergibt sich für diese Streuobstwiesen eine normale Ausprägung aus der Bewertungsmatrix (*Tab. 4*).

Für den Unterwuchs wird auf allen Flächen von einer Magerwiese, einem mittelwertigen Biotoptyp, ausgegangen, da die Beurteilung des Unterwuchses in der vegetationslosen Periode schwierig ist und keine Unterlagen dazu vorliegen. Hinzu kommt, dass die Maßnahmen so besser vergleichbar sind. Daraus resultiert die Wertigkeitsspanne von 3 bis 9 für den Streuobstbestand. Durch die mittlere Ausprägung wird mit dem Wert 6 gerechnet. Hinzukommt die Wertigkeit für den Unterwuchs von 17-42 für eine Magerwiese. Da der Kräutersaum erst vor kurzem angesät wurde ist die Ausprägung im unteren Bereich der Spanne anzusiedeln. Es wird ein Wert von 20 angenommen. Zuschläge gibt es keine, da der Pluspunkt von der guten Stammhöhe durch den Minuspunkt für die ungünstige Altersstruktur ausgeglichen wird. Somit ergibt sich ein Biotopwert von **26**.

10.2 Ausgleichsmaßnahme zu Bebauungsplan EFS 034

Bestandsaufnahme:

Der Unterwuchs wurde gemäht. Es befinden sich Strohballen auf der Fläche (*Abb. 17*). Die Pflanzung wurde im Quadratverbund mit einem Abstand von 10 x 10m vorgenommen. Die Stammhöhen befinden sich im Bereich zwischen 1,60m bis 1,80m. Von den angelegten Baumscheiben ist nichts mehr zu sehen. Schutzvorrichtungen wie Verbissschutz oder Pfahlanbindung sind ebenfalls nicht mehr vorhanden.

Abb. 17 Blick in den Bestand der Streuobstwiese am T.E.C. (HEINRICH 2018)

Die aufgestellten Vogelsitzstangen sind nicht mehr auf der Fläche zu finden. Nisthilfen gibt es nicht. Baumhöhlen sind noch nicht vorhanden. Das Obst wird nicht oder nur teilweise geerntet.

Nahezu an allen Bäumen ist ein starker Austrieb aus der Veredlungsunterlage zu finden (*Abb. 18 und Abb. 19*).

Abb. 18 starker Unterlagenaustrieb am Apfel (HEINRICH 2018)

Abb. 19 Unterlagenaustrieb bis in die Krone an Kirsche (HEINRICH 2018)

Teilweise gibt es Ungleichgewichte in der Krone (*Abb. 20*). Diese führen zu statischen Problemen im Baum. Es kann zu Astbruch kommen (*Abb. 23*), der dem Baum Wunden zufügt und somit Eintrittsstellen für Krankheiten schafft.

Abb. 20 Ungleichgewicht in der Krone (HEINRICH 2018)

Abb. 21 Leitäste zu flach erzogen (HEINRICH 2018)

An vielen Bäumen sind die Leitäste zu flach oder zu steil ausgerichtet (*Abb. 21*). Das Gerüst ist nicht stabil. Dadurch kommt es zur vorzeitigen Vergreisung (*Abb. 22*).

Abb. 22 Überalterungserscheinung (HEINRICH 2018)

Abb. 23 Astbruch (HEINRICH 2018)

Sieben Obstbäume auf der Wiese sind von Unterlage überwachsen, sodass die Sorte abgestorben ist, wie auf *Abb. 24* zu sehen ist.

Fehlende Anbindung hat bei einigen Bäumen auf der Fläche zu einer Schräglage der Stämme geführt (*Abb. 25*).

Abb. 24 von Veredlungsunterlage überwachsene Sorte (HEINRICH 2018)

Abb. 25 fehlende Anbindung (HEINRICH 2018)

Die Apfelsorten 'Goldparmäne', 'Gravensteiner', 'Klarapfel' und 'Roter Boskoop', sowie die Birnensorte 'Gellerts Butterbirne' sind regionale Sorten (BANNIER 2000).

Die Befruchtung bei den gepflanzten Birnen ist sichergestellt, da sich 'Williams Christ' und 'Clapps Liebling' gegenseitig bestäuben können. Bei den Apfelsorten im Bestand sind 'Goldparmäne' und 'Klarapfel' gute Befruchter. (INTERNET 8)

Nachdem die Maßnahmenfläche begutachtet wurde erfolgt die Bewertung nach dem Entwurf des TMUEN (2017) (*Anhang 7).*

Zutreffende Aufwertungsmerkmale sind:

- mehr als 3 regionaltypische Sorten +5
- artenreiches, extensives Grünland, durch die Ansaat von Kräutersaum +5

- Kombination mehrerer Merkmale +10 → +20

Abwertung:

- ungünstige Altersstruktur -5
- mind. 70% weist deutliche Pflegerückstände auf -5
- Kombination von mind. 2 Merkmalen -10 → -20

Somit ergibt sich ein Bestandswert von **40** Punkten durch Addition des Grundwertes von 40 mit den Aufwertungsmerkmalen von 20 abzüglich der 20 Punkte Abwertung.

Die Bewertung nach KÜPFER (2014) (ANHANG 1-6) für die Streuobstwiese am T.E.C. ergibt sich wie folgt:

Auf bzw. Abwertung:
Strukturelle, von der Bestandsentwicklung unabhängige Kriterien:

- Bestandsgröße/Einbindung Ø
- Baumdichte Ø
- Veredlungsunterlage Ø
- Baumartenzusammensetzung Ø → Ø

Zustandsbedingt, von der Bestandsentwicklung abhängige Kriterien:

- Altersstruktur -
- Stabilität/Vitalität -
- Intensität der Freizeitnutzung Ø → -

Tab. 5 Bewertungsmatrix für Streuobstwiese Bebauungsplan „EFS 034" (Internet 7)

Wertstufe		Zustandsbedingte, von der Bestandsentwicklung abhängige Kriterien		
		negativ –	**durchschnittlich** Ø	**positiv** +
Strukturelle, von der Bestandsentwicklung unabhängige Kriterien	**negativ** – –	**sehr gering** (stark unterdurch-schnittliche Ausprägung > unteres Ende der Wertspanne) – – –	gering (unterdurchschnittliche Ausprägung) – –	gering (unterdurchschnittliche Ausprägung) – – +
	durch-schnittlich Ø	gering (unterdurchschnittliche Ausprägung) –	**mittel** (normale Ausprägung > Normalwert) Ø	hoch (überdurchschnittliche Ausprägung) +
	positiv + +	hoch (überdurchschnittliche Ausprägung) + + –	hoch (überdurchschnittliche Ausprägung) + +	**sehr hoch** (stark überdurchschnittliche Ausprägung > oberes Ende der Wertspanne) + + +

Durch Kombination der strukturellen mit den zustandsbedingten Kriterien ergibt sich für diese Streuobstwiese eine unterdurchschnittliche Ausprägung (*Tab. 5*). Der Unterwuchs ist angesäter Landschaftsrasen für trockene Lagen mit 2 % Kräuterzusatz. Auch hier wird von einer Magerwiese ausgegangen, welche ein mittelwertiges Biotop ist. Daraus resultiert die Wertigkeitsspanne von 3-9. Durch die unterdurchschnittliche Ausprägung wird mit dem Wert 4 gerechnet. Hinzukommt die Wertigkeit für den Unterwuchs von 17-42. Da die Fläche vor 15 Jahren angesät wurde ist die Ausprägung im mittleren Bereich der Spanne anzusiedeln. Es wird ein Wert von 25 angenommen. Zuschläge gibt es keine, da kein Kriterium zutreffend ist. Somit ergibt sich ein Biotopwert von **29**.

10.3 Referenzobjekt „An der Pfaffenlehne“

Bestandsaufnahme:

Auf der Fläche befinden sich ca. 80 Bäume (*Abb. 26*). Die Zuordnung war nicht eindeutig, da viele Obstbäume in der umliegenden Hecke standen.

Vor drei Jahren wurde eine Nachpflanzung mit 12 Obstbäumen durchgeführt. Davon sind fünf Bäume Halbstämme. Das liegt daran, dass für diese Pflanzungen Patenschaften vergeben wurde, um die Pflege und Ernte zu sichern. Halbstämme sind einfacher zu pflegen und zu ernten. Das macht sie für Privatpersonen oder Familien attraktiver. Die Patenschaften erklären auch die Vielfalt der nachgepflanzten Obstarten von Äpfeln, Birnen, Mirabellen, Süßkirschen und Sauerkirschen. Bei allen Nachpflanzungen sind Baumscheiben, Verbissschutz, sowie Anbindung an Pfählen vorhanden (*Abb. 27*) vorhanden. Der Pflanzschnitt und der Erziehungsschnitt sind erkennbar und fachgerecht ausgeführt. Die Bäume haben einen guten Zuwachs von bis zu 40cm an den Neutrieben. Die Leitäste sind im Bereich von 45°-60° ausgerichtet.

Abb. 26 Blick in die Streuobstwiese „an der Pfaffenlehne" (HEINRICH 2018)

An der Stammverlängerung bilden sich erneut Konkurrenztriebe (*Abb. 27*). Vereinzelt sind Unterlagenaustriebe zu sehen. Zwei der nachgepflanzten Birnenhalbstämme sind abgängig. Wahrscheinlich liegt ein Krankheitsbefall vor. Des Weiteren sind sechs Habitatbäume auf der Fläche belassen wurden, die durch die Einkürzung der Krone standsicherer gemacht wurden, um einen längeren Verbleib auf der Fläche zu ermöglichen (*Abb. 28*).

Die Vielfalt an Apfelsorten sichert die Befruchtung der Sorten ab.

Der Unterwuchs ist gemäht und wirkt gut gepflegt (*Abb. 29*). An einigen Stellen auf der Wiese sind flächige Austriebe von Tatarischem Hartriegel (*Cornus alba*) zu sehen, die allerdings mit gemäht werden (*Abb. 29*).

Abb. 27 gut garnierter Jungbaum (HEINRICH 2018)

Abb. 28 Habitatbaum (HEINRICH 2018)

Abb. 29 Hartriegelaustrieb im Unterwuchs (HEINRICH 2018)

Abb. 30 im Baum belassenes Totholz (HEINRICH 2018)

In den ertragsfähigen Bäumen wurde dickes Totholz belassen, um Lebensräume für Insekten und Tiere zu bieten (*Abb. 30*).

Abb. 31 Mistelbefall (HEINRICH 2018)

Kritisch zu betrachten ist der Befall von drei Bäumen mit Misteln (*Abb. 31*). Diese haben ein hohes Vermehrungspotenzial und schädigen den Baum bis hin zum Absterben (BOSCH 2016). Hier besteht dringender Handlungsbedarf.

Abb. 32 Spechthöhlen im Altbaum (HEINRICH 2018)

Auf der Streuobstwiese „an der Pfaffenlehne“ sind viele Kleinstrukturen für Insekten und Vögel vorhanden. Neben den bereits oben aufgeführten Totholzbestandteil in den Kronen (*Abb. 30*) und den Habitatbäumen (*Abb. 28*) sind Baumhöhlen (*Abb. 32*), Hecken aus Schnittholz (*Abb. 33*), Insektenhotels (*Abb. 34*) und Nisthilfen (*Abb. 35*) vorhanden.

Abb. 33 Totholzhecke mit Schnittholz (HEINRICH 2018)

Abb. 34 Insektenhotel (HEINRICH 2018)

Abb. 35 Nisthilfen (HEINRICH 2018)

Nachdem die Maßnahmenfläche begutachtet wurde, erfolgt die Bewertung nach dem Entwurf des TMUEN (2017) (*Anhang 7*).

Zutreffende Aufwertungsmerkmale sind:

- günstige Altersstruktur +5
- mehr als 10 dickstämmige Bäume +5
- regelmäßige Schnittaktivität +5
- vorhandene Bruthöhlen +5
- mehr als 3 regionaltypische Sorten +5
- artenreiches, extensives Grünland +5
- Kombination mehrerer Merkmale +10
- Optimalzustand +15 → +55

Abwertung:

- Fläche unter 2 ha -5 → -5

Somit ergibt sich ein Bestandswert von **90** Punkten durch Addition des Grundwertes von 40 mit den Aufwertungsmerkmalen von 55 abzüglich der 5 Punkte Abwertung.

Die Bewertung nach KÜPFER (2014) (ANHANG 1-6) für die Streuobstwiese „an der Pfaffenlehne". ergibt sich wie folgt:

Auf bzw. Abwertung:

Strukturelle, von der Bestandsentwicklung unabhängige Kriterien:

- Bestandsgröße/Einbindung Ø
- Baumdichte Ø
- Veredlungsunterlage Ø
- Baumartenzusammensetzung Ø → Ø

Zustandsbedingt, von der Bestandsentwicklung abhängige Kriterien:

- Altersstruktur +
- Stabilität/Vitalität +
- Intensität der Freizeitnutzung Ø → +

Tab. 6 Bewertungsmatrix für Streuobstwiese „An der Pfaffenlehne" (Internet 7)

Wertstufe		**Zustandsbedingte, von der Bestandsentwicklung abhängige Kriterien**		
		negativ –	**durchschnittlich** Ø	**positiv** +
Strukturelle, von der Bestandsentwicklung unabhängige Kriterien	**negativ** – –	**sehr gering** (stark unterdurch-schnittliche Ausprägung > unteres Ende der Wertspanne) – – –	gering (unterdurchschnittliche Ausprägung) – –	gering (unterdurchschnittliche Ausprägung) – – +
	durch-schnittlich Ø	gering (unterdurchschnittliche Ausprägung) –	**mittel** (normale Ausprägung > Normalwert) Ø	hoch (überdurchschnittliche Ausprägung) +
	positiv + +	hoch (überdurchschnittliche Ausprägung) + + –	hoch (überdurchschnittliche Ausprägung) + +	**sehr hoch** (stark überdurchschnittliche Ausprägung > oberes Ende der Wertspanne) + + +

Durch Kombination der strukturellen mit den zustandsbedingten Kriterien ergibt sich für diese Streuobstwiese eine überdurchschnittliche Ausprägung (*Tab. 6*). Für den Unterwuchs wird ein mittelwertiges Biotop angenommen. Daraus resultiert die Wertigkeitsspanne von 3 bis 9. Durch die überdurchschnittliche Ausprägung wird mit dem Wert 8 gerechnet. Hinzu kommt die Wertigkeit für den Unterwuchs in der Spanne von 17 bis 42. Da die Fläche bereits seit ca. 60 Jahren besteht wird ist die Ausprägung im oberen Bereich der Spanne angesiedelt. Es wird ein Wert von 35 angenommen, da vereinzelt Hartriegelaustriebe im Unterwuchs zu finden sind. Dazu kommen drei Zuschläge für die günstige Altersstruktur, für die hohe Stabilität und Vitalität, und für die überwiegend starkwachsenden Unterlagen.

Somit ergibt sich ein Biotopwert von **46**.

11 Diskussion der Ergebnisse

Tab. 7 Vergleich der Bestandsbewertung nach den angewendeten Modellen (HEINRICH 2018)

Bewertungsmodell/ Fläche	Entwurf TMUEN (2017)	Praxisleitfaden nach KÜPFER (2014)
„WIN 357“	55 (60)	29
„EFS 034“	40	29
„An der Pfaffenlehne“	55 (90)	46

Im direkten Vergleich hat die Streuobstwiese „An der Pfaffenlehne“ nach beiden Modellen die höchste Wertigkeit als Biotop der betrachteten Bestände erreicht (*Tab.* 7). Nach KÜPFER'S (2014) Bewertungsschema sind die Ausgleichsmaßnahmen für die Bebauungspläne „WIN 357“ und „EFS 034“ gleichwertig. Wogegen die Streuobstwiese in Windischholzhausen nach dem Thüringer Bilanzierungsentwurf besser abschneidet als die Fläche neben dem T.E.C..

Bei dem Bewertungsmodell nach KÜPFER (2014) hat der Unterwuchs als Biotop einen größeren Einfluss auf die Gesamtbestandbewertung als die Obstbäume. Im Entwurf des TMUEN (2017) hat der Unterwuchs nicht so eine stark aufwertende Beeinflussung.

Die Flächen in Windischholzhausen und „An der Pfaffenlehne“ liegen über der Thüringer Biotopwertskala.

Die Biotopwerte der nach KÜPFER (2014) bewerteten Streuobstwiesen passen in die Thüringer Skala. Auch die Einordnung der Höhe der Biotopwerte ist zutreffend, für die Flächen des Bebaungsplans „WIN 357“ und „EFS 034“ im unteren Bereich und für die Fläche „An der Pfaffenlehne“ im oberen Bereich. Dennoch passt es nicht immer, da es in der Ökokontoverordnung Baden Württembergs Unterwuchstypen gibt die über 55 liegen, z.B. eine Saumvegetation trockenwarmer Standorte mit einer maximalen Ausprägung von 57 Punkten. Das gleiche gilt in die andere Richtung. Es gibt Unterwuchstypen, die unter der Mindestwertigkeit von Streuobstwiesen von 26 Punkten liegen, z.B. Intensivgrünland mit 6 Punkten. Selbst wenn die höchste Wertigkeit von 18 Punkten für die Streuobstwiese mit Zuschlägen nach der Ökokontoverordnung Baden Württembergs dazu kommt, wird die untere Grenze nicht überschritten. Somit ist dieses Bewertungsmodell nach KÜPFER (2014) nicht für Thüringen anwendbar.

Beide Modelle waren einfach anzuwenden. Der Entwurf des TMUEN (2017) ist noch nicht praktikabel. Die damit errechneten Werte sind für den Zustand der Streuobstwiesen zu hoch und liegen meist über der in Thüringen geltende Skala von 0-55. Die Punktzahl von 55 entspricht der bestmöglichen Ausprägung. Das heißt, eine Streuobstwiese mit einer solchen Wertigkeit muss dem Idealbild entsprechen.

Durch eine Verkleinerung der Aufwertungsschritte würden diese stärker gewichtet werden. Außerdem kann nicht von einem Planungswert von 40 ausgegangen werden, sondern von einer Mindestwertigkeit einer Streuobstwiese von 26 Punkten. Eine weitere Möglichkeit der Überarbeitung des Entwurfs ist die Vorlagerung einer groben Einordnung der Wertigkeit in niedrig, mittel und hoch. Dadurch können z.B. mit „niedrig“ eingeordnete Streuobstwiesen nur in der Spanne von 26-35 liegen, ähnlich wie in KÜPFER'S (2014) Modell.

Das Bewertungsmodell aus dem Praxisleitfaden „Aufwertung von Streuobstbeständen im kommunalen Ökokonto“ ist sehr komplex und gut durchdacht. Allerdings kommt dem Unterwuchs eine hohe Bedeutung zu. Die Unterschiede zwischen den Ausprägungen der Streuobstwiesen spiegelt sich kaum in der Wertigkeit wieder. Je nach Unterwuchs hat eine Streuobstwiese eine Wertigkeit von 2-12, mit Zuschlägen kann sie auf 18 ansteigen. Die Skala der Biotopwertigkeiten der Baden-Württembergischen Ökokontoverordnung ist der Thüringischen ähnlich. Allerdings kann das Modell nicht auf Thüringen übertragen werden, da in Thüringen entweder die Streuobstwiese oder der Unterwuchs bewertet wird und nicht die Kombination aus beiden. Der höhere Biotopwert gilt. Eine Kombination der Werte von Streuobstwiese und Unterwuchs wie in Baden-Württemberg würde mit einem utopisch hohen Wert die Skala sprengen.

Für die präzise Anwendung dieses Bewertungsmodells bedarf es guter Biotopkenntnisse, da es viele mögliche Unterwuchsformen von Streuobstwiesen gibt. Dafür ist Fachwissen nötig.

Schlussendlich sind beide Modelle nicht bzw. noch nicht anwendbar, um einen Bestandswert für Streuobstwiesen zu ermitteln. Es besteht weiterer Überarbeitungsbedarf.

12 Handlungsempfehlungen

Anhand der Besichtigung der Streuobstwiesen und der Bewertung mit den angewendeten Bewertungsmodellen haben sich Mängel in Anlehnung zum skizzierten Idealbild aufgezeigt. Diese Mängel zeigen die Notwendigkeit von Erhaltungsmaßnahmen auf, um den Zusammenbruch dieser Biotope entgegenzuwirken.

Auf den beiden Ausgleichsflächen in Windischholzhausen besteht folgender Handlungsbedarf: Es müssen Befruchtersorten für die Apfelsorten 'Roter Boskoop' und 'Gravensteiner' nachgepflanzt werden, damit die Bäume Früchte tragen können. Der Erziehungsschnitt muss in den nächsten Jahren der Pflege fachgerecht durchgeführt werden, um die Fehler die durch den Pflanzschnitt entstanden sind auszugleichen und dadurch eine stabile, langlebige Krone zu erziehen.

Der Bestand am T.E.C. weist langjährige Pflegerückstände im Obstbaumschnitt auf, dadurch sind Vergreisungserscheinungen, Ungleichgewichte in der Krone und Astbrüche zu finden. Es sollten unbedingt ein Verjüngungsschnitt und eine Kronenauslichtung durchgeführt werden. Ansonsten bricht der Bestand kurz- oder mittelfristig zusammen. Die Unterlagenaustriebe müssen entfernt werden, weil diese in die Krone wachsen und dadurch die veredelte Sorte überwachsen können, sodass diese abstirbt, wie es bereits bei sieben Bäumen passiert ist. Die Ausfälle sollten nachgepflanzt werden. Dadurch kommen wieder Jungbäume auf die Fläche, die den Bestand durch eine weitere Altersgruppe aufwerten. Die schrägen Bäume sollten aufgerichtet werden oder zumindest durch eine Pfahlanbindung gestützt werden. Die Greifvogelsitzstangen sollten wieder aufgestellt werden.

Die Streuobstwiese „An der Pfaffenlehne“ kommt den Idealbild einer Streuobstwiese sehr nahe. Dennoch besteht Handlungsbedarf. Die zwei abgängigen Birnenhalbstämme müssen beobachtet werden und falls sie sich nicht erholen nachgepflanzt werden. Auch die übrigen Nachpflanzungen bedürfen eines weiterführenden Erziehungsschnittes, bei dem unter anderem Konkurrenztriebe zur Stammverlängerung und Unterlagenaustriebe entfernt werden. Ein wichtiger Punkt ist die Mistelsanierung der befallen Bäume, um die Ausbreitung zu stoppen. Um diese zu entfernen, muss an den betroffenen Ästen bis zu 30 cm hinter der Mispel zurückgeschnitten werden, da diese lange Sekundärwurzeln im Gehölz bildet (BOSCH 2016).

In den Ausschreibungen für Ausgleichsmaßnahmen sollten die Zeiträume für die Entwicklungspflege auf mindestens acht Jahre verlängert werden, damit die Kronen stabil aufgebaut werden können. Das wird aber nur erreicht, wenn die Obstbäume von Fachkräften wie Baumwarten geschnitten werden, die wissen wie sich die einzelnen Schnitte über die Jahre auswirken. Die Grundlage zur Erstellung von Ausschreibungen für Kompensationsmaßnahmen gibt die „Satzung der Stadt Erfurt zur Erhebung von Kostenerstattungsbeträgen". In dieser sollten weitere Kriterien zur Schaffung von Streuobstwiesen ergänzt werden, wie z.B. Pflanzung ausschließlich regionaltypischer Obstsorten aus heimischen Baumschulen oder dass die Befruchtung der gepflanzten Sorten gewährleistet sein muss. Auch hier sollte die Dauer für die Fertigstellungs- und Entwicklungspflege von fünf Jahren auf mindestens acht, besser zehn Jahre angehoben werden. Das Ziel sollte immer sein, ein hochwertiges Biotop nicht nur kurzfristig, sondern über einen langen Zeitraum, zu entwickeln. Nach Übergabe der Streuobstwiesen an die Stadt bzw. an Pächter sollten diese in regelmäßigen Intervallen kontrolliert werden, um festzustellen ob der Pflegezustand in Ordnung ist. Falls in den Pachtverträgen kein Abschnitt zum regelmäßigen Pflegeschnitt vorhanden ist, sollte eine Ergänzung erfolgen.

13 Zusammenfassung

Die Anlage von Streuobstwiesen als Kompensationsmaßnahme ist eine gute Möglichkeit, um zum Erhalt dieses Biotops beizutragen. Allerdings muss die Pflege über viele Jahre abgesichert werden, damit ein Lebensraum für viele eventuell geschützte Arten entsteht.

Die in den Leistungsverzeichnissen aufgeführten Maßnahmen zur Herstellung der Kompensationsmaßnahmen wurden im Allgemeinen nach den Vorgaben durchgeführt. Jedoch kann bei einer schlecht abgesicherten Pflege nach Übergabe an die Stadt auch bei einer gut angelegten Streuobstwiese der Verfall früher oder später eintreten.

Sinnvoller wäre jedoch die Pflege bestehender Wiesen als Kompensationsmaßnahme auszuschreiben, da diese bereits wertvoll als Lebensraum für Tiere und Pflanzen sind. Dazu müssen sie allerdings aufwertungsfähig sein. Um das Festzustellen bedarf es einen detaillierten Bewertungsschlüssel, um den Zustand eines Bestandes in Zahlen umzurechnen, den es für Thüringen noch nicht gibt.

Bundesweit gibt es kein einheitliches Modell zur Bilanzierung von Biotopen. Die angewendeten Modelle waren leicht anwendbar, aber teilweise nicht praktikabel. Mit beiden wird ein genauer Wert erzielt. Die Skalen zur Bewertung von Biotopen sind in Thüringen und Baden-Württemberg ähnlich, dennoch nicht vergleichbar, durch die unterschiedlichen Biotopwertigkeiten.

Der Entwurf des TMUEN (2017) muss überarbeitet werden. Die erhaltenen Werte sind nicht mit der Wertigkeitsspanne der „Anleitung zur Bewertung der Biotoptypen in Thüringen" zu vereinbaren. KÜPFER'S (2014) Modell ist für Thüringen nicht anwendbar. Beide angewendeten Modelle sind nicht geeignet, um ein genauen Bestandswert in der in Thüringen vorgesehenen Bewertungsspanne zu ermitteln. Es bedarf der weiterführenden Bearbeitung des Entwurfs des TMUEN (2017), um diese Lücke zu schließen.

Um repräsentative Aussagen treffen zu können, ob die vorgefundenen Kritikpunkte auf den begutachteten Flächen ein generelles Problem sind oder nur Einzelfälle, müssen mehr Streuobstwiesen, die als Kompensationsmaßnahme angelegt wurden, begutachtet werden.

14 Quellen

14.1 Literatur

BANNIER, H.-J. (2000) *Geeignete Kernobstsorten für Streuobstwiesen im Raum Erfurt,* Grüne Liga e.V. Weimar

BOSCH, H.-T. (2016) *Naturgemäße Kronenpflege am Obsthoschstamm.* Kompetenzzentrum Obstbau Bodensee (KOB)

HIEKEL, W., F FRITZLAR, A. NÖLLERT U. W. WESTHUS (2004). *Die Naturräume Thüringens.-Naturschutzreport 21*, Jena

KÜPFER. 2014 = INTERNET 7

SCHUBERT, A. (2018) Persönliche Information per E-Mail am 20.02.2018

UNTERE NATURSCHUTZBEHÖRDE ERFURT. KÖHLER, J. (2018). Persönliche Information mündlich, per E-Mail, sowie telefonisch im Zeitraum vom 28.11.2017 bis 12.02.2018

WEGENER, U. (1998). *Naturschutz in der Kulturlandschaft: Schutz und Pflege von Lebensräumen; mit 33 Tabellen*. Jena

WELLER, F. (1999). *Landschaftspflege in verschiedenen Lebensräumen XIII-7.9 Streuobstwiesen.* in Konold,W., R.Böcker.u. U,Hampicke.(1999) *Handbuch Naturschutz und Landschaftspflege: Kompendium zu Schutz und Entwicklung von Lebensräumen und Landschaften*. Landsberg am Lech

WELLER, F. (2005). *Streuobstwiesen schützen*. aid Infodienst. Bonn

ZEHNDER, M. U F. WELLER. (2011). *Streuobstbau: Obstwiesen erleben und erhalten.* Verlag Eugen Ulmer. Stuttgart

14.2 Internet

INTERNET 1:
http://www.thueringen.de/mam/th8/tlug/content/abt_1/v_material/2017/40/laussmann_streuobst_thueringen_171114.pdf

INTERNET 2:
http://www.gesetze-im-internet.de/bnatschg_2009/BNatSchG.pdf

INTERNET 3:
http://www.erfurt.de/mam/ef/rathaus/stadtrecht/6/6913.pdf

INTERNET 4:
https://www.thueringen.de/mam/th8/tlug/content/kartieranleitung_biotope_offenland_2_0.pdf

INTERNET 5:
https://www.thueringen.de/mam/th8/tlug/content/54_biotoptypen_van_hengel_nsr26_525_541.pdf

INTERNET 6:
https://www.thueringen.de/mam/th8/tmlfun/naturschutz/naturschutzrecht/anleitung_zur_bewertung_der_biotoptypen.pdf

INTERNET 7:
https://levludwigsburg.de/wpcontent/uploads/2017/01/Leitfaden_Aufwertung_Streuobst_kommunales-Oekokonto.pdf

INTERNET 8:
http://www.bund-lemgo.de/download/FB_Befruchtung_Obstsorten_302.pdf

INTERNET 9:
http://www.obstbaumschnittbuch.de/obstbaumschnittschule/

INTERNET 10:
https://www.thueringen.de/mam/th8/tmlfun/naturschutz/naturschutzrecht/das_bauleitplanerische_okokonto.pdf

INTERNET 11:
http://apps.thueringen.de/de/publikationen/pic/pubdownload774.pdf

INTERNET 12:
http://www.erfurt.de/mam/ef/service/mediathek/publikationen/2012/landschafts plan_erfurt.pdf

INTERNET 13:
https://www.gesetze-im-internet.de/bbaug/BauGB.pdf

INTERNET 14:
https://www.thueringen.de/mam/th8/tmlfun/naturschutz/naturschutzrecht/

anwendungshilfenaturschutzrecht.pdf

INTERNET 15:
http://www.tlug-jena.de/uw_raum/umweltregional/ef/ef09.html

INTERNET 16:
http://www.geoproxy.geoportal-th.de/geoclient/control

INTERNET 17:
http://www.erfurt.de/mam/ef/leben/stadtplanung/bplan/win/win357/bebauungsplan_win357.pdf

INTERNET 18:
http://www.erfurt.de/ef/de/leben/oekoumwelt/naturschutz/glb/119967.html

INTERNET 19:
https://www.jena.de/fm/41/bilanzierungsmodell_03-06.pdf

INTERNET 20:
https://de.wikipedia.org/wiki/Biotopwertverfahren

INTERNET 21:
http://www.hagen-atw.de/freizeit-kultur-tourismus/die-kirsche-in-hagen-a.t.w/kirsche-des-jahres/2009-schoene-aus-marienhoehe.html

16 Anhang

Somit ergibt sich folgende **Arbeitsroutine** für die Bewertung des Ausgangs- bzw. des Zielzustandes als Grundlage für die Bilanzierung der geplanten Kompensationsmaßnahmen:

1. Erfassung der wertgebenden Kriterien

- Der aktuelle und der geplante Zustand der wertgebenden Kriterien lässt sich für jedes Kriterium unterteilt in mehrere Kategorien pro Maßnahmenfläche erfassen (ausgenommen Bestandsgröße, Baumdichte und Intensität der Freizeitnutzung). Hierbei wird empfohlen, den prozentualen Anteil der jeweiligen Kategorie pro Fläche abgeschätzt auf 10 % zu erheben (vgl. Projektbericht, Geländeerhebung).
- Für die Erfassung der Kriterien Altersstruktur und Schnittzustand gelten die in Tabelle 1 definierten Kategorien.

2. Einzelbewertung der wertgebenden Kriterien und Aggregation der Bewertungen für die zwei Kriterien-Gruppen

- Die Auf- und Abwertungsmöglichkeiten der einzelnen wertgebenden Kriterien sind in Tabelle 2 dargestellt.
- Nach der separaten Bewertung der Kriterien muss die Bewertung für die zwei Kriterien-Gruppen aggregiert werden (1. strukturelle, von der Bestandsentwicklung unabhängige Kriterien und 2. zustandsbedingte, von der Bestandsentwicklung abhängige Kriterien). Die Bewertung der Kriterien-Gruppen erfolgt in den Stufen unterdurchschnittlich, durchschnittlich bzw. überdurchschnittlich).

Anhang 1 Bewertungsschritte 1 und 2 des Praxisleitfadens (INTERNET 7)

3. Gesamtwertung des Streuobstbestandes

- Abhängig von der aggregierten Bewertung der Kriterien-Gruppen kann die Gesamteinstufung anhand der Bewertungsmatrix in Tabelle 3 vorgenommen werden.
- Aufbauend darauf erfolgt die Vergabe der Ökopunkte innerhalb der in der ÖKVO vorgegeben Punktespanne. Diese ist abhängig von der Ausprägung des Unterwuchses (vgl. auch Tabelle 4):
  - Streuobst auf sehr gering- bis geringwertigen Biotoptypen: +4 - **+ 8** - + 12
  - Streuobst auf mittelwertigen Biotoptypen: +3 - **+ 6** - + 9
  - Streuobst auf mittel- bis hochwertigen Biotoptypen: +2 - **+4** - +6

Zusätzliche Regeln zur Maßnahmenbewertung

Über die oben dargestellten Bewertungsregeln hinaus sind einzelne Besonderheiten zu berücksichtigen. Diese sind:

- *Bestandsergänzung:* Ist auf einer baumlosen Teilfläche eine Bestandsergänzung geplant, richtet sich die Bepunktung des Zielzustandes für den Baumbestand nach dem Planungsmodul der ÖKVO (vgl. Tabelle 4).
- *Wirkungsbereich „Förderung spezifischer Arten“:* Kann durch die Maßnahme ein neues Wendehals-Revier geschaffen werden, ist es möglich, dies nach der dauerhaften Besiedlung mit zusätzlichen 100.000 Ökopunkten pro Revier zu bewerten. Bereits die Schaffung der Voraussetzungen zur Neuanlage eines Reviers wird mit 20 % der vorgesehen Ökopunkte, das heißt mit 20.000 Ökopunkten bewertet, die restlichen 80.000 Punkte werden erst bei erfolgreichem Nachweis einer Wendehals-Besiedlung vergeben.

Anhang 2 Bewertungsschritt 3 des Praxisleitfadens (INTERNET 7)

Ertragsfähigkeit	
Noch nicht ertragsfähige Bäume	Jungbäume in den ersten Jahren nach der Pflanzung: - Stammdurchmesser bis ca. 7 cm (entspricht Umfang bis ca. 20 cm), - Kronendurchmesser ca. 1 bis 2,5 m, - lassen noch keine regelmäßigen Ernten erwarten.
Ertragsfähige B.	Gesunde wüchsige Bäume, die regelmäßig Ernten erwarten lassen.
Abgängige Bäume	Bäume, die aufgrund ihres Alters oder mangelnder Pflege keine regelmäßigen und vollen Erträge mehr erwarten lassen und auch durch eine Baumrevitalisierung nicht wieder in die Ertragsphase rückgeführt werden können. Hierzu können auch nicht gepflegte Jungbäume zählen.
Schnittzustand	
Noch nicht ertragsfähige Bäume	
Fehlender Baumschnitt	Kein Erziehungsschnitt erkennbar, ggf. folgende Schadmerkmale: - wenig einjähriger Zuwachs, - Vergreisungserscheinungen und Krone mit bruchempfindlichen Ästen, - Astbruch durch Sturm, hohe Fruchtlast, - teils großflächige Wunden, teils mit Fäulnisprozessen.
Unregelmäßiger Baumschnitt	Unregelmäßiger Erziehungsschnitt mit Ansätzen der oben angeführten Schadmerkmale sowie - unkontrollierter und zu starker Zuwachs, - Kronenaufbau zu dicht: wenig Licht und Luft im Kronenraum.
Regelmäßiger Baumschnitt	Regelmäßiger Erziehungsschnitt: - Baum ohne Vergreisungserscheinungen, - kontrollierter Zuwachs, - klarer, regelmäßiger Kronenaufbau, der Licht und Luft in den Kronenraum lässt.
Ertragsfähige Bäume	
Fehlender Baumschnitt	Kein Auslichtungsschnitt erkennbar, folgende Merkmale: - Überbauung und Schwächung der unteren Kronenteile, - deutlich mit altem Fruchtholz und/oder toten bzw. erkrankten Ästen, - großflächige Wunden, - dichter und unregelmäßiger Kronenaufbau, - mehrere armdicke Wasserschosse, - beeinträchtige Stabilität durch z. B. ausladende Äste.
Unregelmäßiger Baumschnitt	Unregelmäßiger Auslichtungsschnitt: - Ansätze zur Überbauung und Schwächung der unteren Kronenteile, - teils altes, abgetragenes Fruchtholz und/oder teils tote bzw. erkrankte Äste.
Regelmäßiger Baumschnitt	Auslichtungsschnitt in regelmäßigem Abstand: - Überbauung und Schwächung der unteren Kronenteile durch Schnitt im oberen Kronenbereich vermieden, - klarer, regelmäßiger Kronenaufbau, der Licht und Luft in den Kronenraum lässt, - altes, abgetragenes Fruchtholz entfernt, - tote oder erkrankte Äste entfernt.

Anhang 3 Erfassungskategorien der Kriterien Altersstruktur und Schnittzustand (INTERNET 7)

Wertgebendes Kriterium	Ab- und Aufwertungsmöglichkeiten
Strukturelle, von der Bestandsentwicklung unabhängige Kriterien	
Bestandsgröße/ Einbindung ↓ ↑	Liegt der zu bewertende Bestand eingebunden in einem großflächigen Streuobstgebiet ist eine **Aufwertung möglich**. Liegt der zu bewertende Bestand isoliert in einer ausgeräumten Landschaft, ist eine **Abwertung möglich.**
Baumdichte ↓	Bei einer Baumdichte von über 100 Bäumen pro Hektar bzw. unter 20 Bäumen pro Hektar ist eine **Abwertung möglich.**
Veredlungs-unterlage (Stammhöhe) ↓ ↑	Überwiegen Bäume auf stark wachsenden Unterlagen mit Stammhöhen von 1,8 m und mehr deutlich, ist eine **Aufwertung möglich**. Überwiegen Bäume auf mittelstark-bis schwach wachsenden Unterlagen (Mittel- bzw. Niederstämme) deutlich, ist eine **Abwertung möglich**.
Baumartenzu-sammensetzung ↓	Dominiert im Bestand eine andere Baumart als der Apfel deutlich, ist eine **Abwertung möglich.**
Zustandsbedingte, von der Bestandsentwicklung abhängige Kriterien	
Altersstruktur, Habitatbäume und stehendes Totholz ↓ ↑	Für Bestände mit der im Leitbild aufgezeigten Altersstruktur ist **eine Aufwertung** möglich. Bei Beständen, bei denen Jungbäume oder abgängige Bäume deutlich überwiegen, ist eine **Abwertung möglich**.
Stabilität/Vitalität (Schnittzustand) und Totholz ↓ ↑	Überwiegen Bäume mit hoher Stabilität und/oder Vitalität (regelmäßigem Schnitt) deutlich, ist eine **Aufwertung möglich**. Überwiegen Bäume mit geringer Stabilität und/oder Vitalität (fehlender Schnitt) deutlich, ist eine **Abwertung möglich**.
Intensität der Freizeitnutzung (Hemerobie) ↓	Ist im Streuobstbestand intensive Freizeitnutzung zu finden, ist eine **Abwertung möglich**.

Anhang 4 Auf- und Abwertungsmöglichkeiten (INTERNET 7)

Wertstufe		Zustandsbedingte, von der Bestandsentwicklung abhängige Kriterien		
		negativ –	**durchschnittlich** Ø	**positiv** +
Strukturelle, von der Bestandsentwicklung unabhängige Kriterien	**negativ** – –	**sehr gering** (stark unterdurch-schnittliche Ausprägung > unteres Ende der Wertspanne) – – –	**gering** (unterdurchschnittliche Ausprägung) – –	**gering** (unterdurchschnittliche Ausprägung) – – +
	durch-schnittlich Ø	**gering** (unterdurchschnittliche Ausprägung) –	**mittel** (normale Ausprägung > Normalwert) Ø	**hoch** (überdurchschnittliche Ausprägung) +
	positiv + +	**hoch** (überdurchschnittliche Ausprägung) + + –	**hoch** (überdurchschnittliche Ausprägung) + +	**sehr hoch** (stark überdurchschnittliche Ausprägung > oberes Ende der Wertspanne) + + +

Anhang 5 Bewertungsmatrix für Streuobstbestände (INTERNET 7)

Nr.	Biotoptyp	F	P
45.40	**Streuobstbestand [Zuschlag]**		
a	**auf sehr gering- bis geringwertigen Biotoptypen (33.60, 33.80, 35.30, 37.11, 37.30, 60.60)**	+4 - + **8** - + 12	+3 - + **6**
b	**auf mittelwertigen Biotoptypen (33.41, 33.52, 35.11, 35.60, 37.12 - 13, 43.10)**	+3 - + **6**- + 9	+2 - + **4**
c	**auf mittel- bis hochwertigen Biotoptypen (33.43, 33.44, 33.51, 35.12)**	+2 - **+4** - +6	+1 - **+2**
	+ günstige Altersstruktur des Baumbestandes + hohe Stabilität und/oder Vitalität der Bäume + überdurchschnittliche Artenausstattung, z. B. Vorkommen von ZAK-Landesarten (v. a. Vögel) + Einbindung in ein großflächiges Streuobstgebiet + weitaus größter Teil der Bäume auf stark wachsender Veredelungsunterlage mit Stammhöhen von 1,8 m und mehr – weitaus größter Teil der Bäume auf mittelstark wachsenden Unterlagen bzw. Beimischung von Bäumen auf schwach wachsender Veredlungsunterlage – ungünstige Altersstruktur des Baumbestandes – isolierte Lage – Baumdichte größer 100 Bäume/Hektar bzw. kleiner 20 Bäume/Hektar – einseitiges Baumartenspektrum abseits Apfel – geringe Stabilität und/oder Vitalität der Bäume – intensive Freizeitnutzung		
	! Die Bewertung von Flächen mit Streuobstbestand erfolgt durch Addition des Wertes für den Streuobstbestand zum Wert des baumbestandenen Biotoptyps (z.B. Fettwiese). Die Summe darf den oberen Grenzwert des baumbestandenen Biotoptyps überschreiten.		
	P Auf-/Abwertung siehe oben genannte Kriterien. ! Der Richtwert für die Anzahl der maximal zu pflanzenden Bäume liegt bei 70 Stück/Hektar.		

Anhang 6 Bewertungsschlüssel (INTERNET 7)

E N T W U R F (Stand 26.10.2017)

Bilanzierungsmodell für Streuobstwiesen im Rahmen der Eingriffsregelung des Thüringer Ministerium für Umwelt, Energie und Naturschutz

Definition Streuobstwiese als gesetzlich geschützter Biotop (TLU, 1994):

- Flächiger Bestand aus mindestens 10 hochstämmigen Obstbäumen
- keine Intensivobstanlagen, keine Baumreihen
- auch verbuschte, ruderalisierte Bestände bis zu Pionierwaldstadien
- Grünland als Unterwuchs
- Obstbäume und Unterwuchs (Grünland) bilden Streuobstwiese

Grundlagen:

Biotoptypenanleitung (1999) und Bilanzierungsmodell Thüringen (2005),

Küpfer, Christian et al. (2014): Aufwertung von Streuobstbeständen im kommunalen Ökokonto. Praxisleitfaden.

Bewertungsbogen Biotoptypen Thüringens	Nr.: 65

Code	Biotoptyp *)	Bedeutung
6510	Streuobstbestand auf Grünland	hoch - sehr hoch
6530	Streuobstbestand auf Acker oder Nutzgarten	mittel - hoch
6550	Streuobstbestand auf Kraut-/Staudenflur/ Brache	hoch - sehr hoch

Die Codes 6510, 6530 und 6550 werden aggregiert zum Code

6500 Streuobstbestand

Bedeutung:	mittel – hoch – sehr hoch
Bedeutungsspannen:	26-35 – 36-45 – 46-55
Grundwert/Planwert:	40

Wertgebende Kriterien in Anlehnung an Küpfer, C. et al (2014):

(Basis für Ableitung der Prüfmerkmale)

- Bestandsgröße/räumliche Vernetzung
- Baumdichte
- Altersstruktur
- Veredlungsgrundlage
- Stabilität/Vitalität
- Baumartenzusammensetzung (Nahrungsangebot)
- Artenausstattung
- Intensität der Nutzung/Nutzungskonzept

Merkmale zur Biotopausstattung eines Streuobstbestandes bei einem Grundwert von 40:

- mind. 2000 m²
- mind. 10 hochstämmige Obstbäume (Stammhöhe mind. 1,80 m) in einem Abstand von 10 m bis 15 m
- mind. 5 und max. 10 hochstämmige Obstbäume pro 1000 m²
- 2 Altersklassen im Bestand oder alternativ bei Neuanlage 3 regionaltypische Arten bzw. Sorten
- weniger als 70 % des Bestandes weist deutliche und langjährige Pflegerückstände auf bzw.

  bei weniger als 70 % des Bestandes ist die Vitalität und Stabilität deutlich beeinträchtigt
- bewirtschaftetes Grünland als Unterwuchs

<u>Bewertung des Ausgangszustandes zur Ermittlung des Bestandswertes</u>

Vorgehensweise:

- Ausgangswert ist der Grundwert für Streuobstbestände von 40 mit den dazugehörigen Merkmalen (s. o.)
- abzgl./zzgl. folgender Prüfmerkmale in 3 Gruppen, soweit zutreffend, die den konkreten Ausgangszustand wiedergeben
- einzelne Prüfmerkmale in der jeweiligen Gruppe alternativ zueinander anwenden
- Werte der Gruppen 1, 2, und 3 miteinander addieren, der so ermittelte Bestandswert darf nicht unter 26 liegen (Kappung)

Bewertung:

Prüfmerkmale (Aufwertung) Gruppe 1	**alternativ**	**additiv**
- Gesamtbestand > 5 ha *(zu hoch?)* und/ oder räumliche Vernetzung	+ 5	
- günstige Altersstruktur mit mind. 3 Altersgruppen	+ 5	
- > 10 dickstämmige Altbäume im Bestand (d in Brusthöhe > 25 cm, Altersgruppe 50 – 80 Jahre)	+ 5	
- +/- regelmäßige Schnittaktivitäten sind wahrzunehmen, Bestand erscheint überwiegend vital und stabil	+ 5	
- Bruthöhlen vorhanden	+ 5	
- mehr als 3 regionaltypische Arten bzw. Sorten	+ 5	
- artenreiches, extensiv genutztes Grünland als Unterwuchs	+ 5	
- Kombination mehrerer der vorgenannten Prüfmerkmale	+ 10	
- günstige Altersstruktur, Vielfalt an Arten und Sorten, Altbäume mit Bruthöhlen, langjähriger, regelmäßiger Schnitt und extensiv genutztes Grünland als Unterwuchs (Optimalzustand)	+ 15	

Prüfmerkmale (Abwertung) Gruppe 2	**alternativ**	**additiv**
- Flächen unter 2000 m^2, lokal isoliert	- 5	
- mehr als 10 Hochstämme auf 1000 m^2	- 5	
- weniger als 3 Hochstämme auf 1000 m^2	- 5	

- ungünstige Altersstruktur, eine Altersklasse überwiegt deutlich	- 5
- weitaus größter Teil auf mittelstark bis schwach wachsenden Veredlungsgrundlagen und Stammhöhen deutlich unter 1,80 m	- 5
- mind. 70 % des Bestandes weist deutliche und langjährige Pflegerückstände auf bzw. bei mind. 70 % des Bestandes ist die Vitalität und Stabilität deutlich beeinträchtigt	- 5
- Verbuschung (langgrasig verfilzte Flur mit Gehölzschösslingen über Brombeergestrüpp bis zu konsolidiertem Gebüsch)	- 5
- Kombination von 2 der vorgenannten Prüfmerkmale	- 10
- Kombination von mind. 3 der vorgenannten Prüfmerkmale	- 15

sonstige Prüfmerkmale (Abwertung) Gruppe 3	**alternativ**	**additiv**
- auf Acker	- 10	
- auf Nutzgarten	- 10	
- auf Intensivgrünland	- 10	
- keine Grünlandnutzung/-pflege	- 10	
- intensive Freizeitnutzung	- 10	
- mehrere der vorgenannten Prüfmerkmale treffen zu	- 10	

Definition des Zielzustandes zur Ermittlung des Planwertes

Maßnahmen: (Kombination mehrerer Maßnahmen möglich, werden über einzelne Prüfmerkmale abgebildet)

- Neuanlage
- Bestandsergänzung (Vergrößerung des Bestands bzw. Lückenschluss mit Jungbäumen)

- Bestandsumbau (Entfernung schwachwüchsiger Bäume, von Halbstämmen oder Entnahmen aus zu dicht stehenden Beständen)
- Revitalisierungsschnitte
- Entbuschung
- Aufnahme einer extensiven Grünlandnutzung/ Extensivierung der Grünlandnutzung
- zusätzliche Maßnahmen zur gezielten Förderung bestimmter Arten (z.B. künstliche Nisthilfen)

Vorgehensweise:

- Ausgangswert ist der Grundwert für Streuobstbestände von 40 mit den dazugehörigen Merkmalen (s. o.), die den anzustrebenden Mindeststandard darstellen
- vom Grundwert werden pauschal 5 Punkte für eventuelle Unwägbarkeiten abgezogen (folglich Ausgangswert 35 statt 40)
- zzgl./abzgl. folgender Prüfmerkmale, soweit zutreffend, die den konkreten Zielzustand der Planung beschreiben (angestrebt wird Entwicklungs-/Unterhaltungszeitraum von etwa 30 Jahren)
- ein Planwert von mind. 40 wird vorausgesetzt (folglich mind. 1 positives Prüfmerkmal muss zutreffen, um die eventuellen Unwägbarkeiten pauschal auszugleichen)
- der ermittelte Planwert überschreitet nicht den Wert 50

Bewertung:

Prüfmerkmale	**alternativ**	**additiv**
- Gesamtbestand > 5 ha *(zu hoch?)* und/oder räumliche Vernetzung	+ 5	
- günstige Altersstruktur mit mind. 3 Altersgruppen	+ 5	
- +/- regelmäßige Schnittmaßnahmen zur Entwicklung eines überwiegend vitalen und stabilen Bestands	+ 5	
- Bruthöhlen vorhanden bzw. Bereitstellung von Nisthilfen	+ 5	

- mehr als 3 regionaltypische Arten bzw. Sorten	+ 5	
- extensiv genutztes Grünland als Unterwuchs	+ 5	
- Kombination von 2 der vorgenannten Prüfmerkmale	+ 10	
- Kombination von mind. 3 der vorgenannten Prüfmerkmale	+ 15	
- Folgenutzungskonzept nicht vorhanden (nach Ablauf der Unterhaltungsfrist)		- 10
- Grünland wird separat bewirtschaftet (z. B. KULAP-Förderung)		- 5

Anhang 7 Entwurf Bilanzierungsmodell (TMUEN UND GRÜNE LIGA 2017)

17 Dateiverzeichnis des angefügten Datenträgers

- Gesamte Bachelorthesis im pdf-Format
- Kurzreferat zur Bachelorthesis im pdf-Format

FSC
www.fsc.org
MIX
Papier | Fördert gute Waldnutzung
FSC® C083411

Kolibri 360 GmbH
Ferdinand-Jühlke-Straße 7
99095 Erfurt, Deutschland
produktsicherheit@kolibri360.de

Druck:
CPI Druckdienstleistungen GmbH
im Auftrag der
Kolibri 360 GmbH
Ferdinand-Jühlke-Str. 7
99095 Erfurt